高等教育"十二五"规划教材·新媒体艺术类

三维动画基础

张宇 欧喜军 龙艳军 编著

北京交通大学出版社

·北京·

内 容 简 介

本书是"高等教育'十二五'规划教材•新媒体艺术类"教材之一，全书共9章，重点讲解三维动画制作基础，三维动画基础建模，多边形建模方法，放样建模方法，动画道具建模实例，动画场景建模实例，动画角色建模实例，动画材质贴图基础与实例，动作与骨骼制作。

本书的最大特色是通过真实案例详细介绍业界最常用的三维动画制作方法和技术，实现课堂学习与就业的无缝对接。本书内容丰富，技术实用，案例涵盖面广，讲解循序渐进，适合用于高等院校动画、漫画、游戏等专业相关课程的教学和学习。

图书在版编目（ＣＩＰ）数据

三维动画基础/张宇，欧喜军，龙艳军编著. —北京 ： 北京交通大学出版社，2012.10
（高等教育"十二五"规划教材• 新媒体艺术类）
ISBN 978-7-5121-1241-4

Ⅰ. ①三… Ⅱ. ①张… ②欧… ③龙… Ⅲ. ①三维-动画-设计-高等学校-教材

Ⅳ. ①TP391. 41

中国版本图书馆CIP数据核字(2012)第 255235 号

责任编辑：陈跃琴　　特邀编辑：王琰
出版发行：北京交通大学出版社　　　　　　　　电话：010-51686414
　　　　　北京市海淀区高粱桥斜街44号　　　　邮编：100044
印 刷 者：北京朗翔印刷有限公司
经　销：全国新华书店
开　　本：185×230　　印张：21　　字数：504 千字
版　　次：2012 年 12 月第 1 版　　2012 年 12 月第 1 次印刷
书　　号：ISBN 978-7-5121-1241-4/ TP•712
印　　数：1 ～ 4000 册　　定价：58.00元

本书如有质量问题，请向北京交通大学出版社质监组反映。对您的意见和批评，我们表示欢迎和感谢。
投诉电话：010-51686043，51686008；传真：010-62225406；E-mail：press@bjtu.edu.cn。

丛书编委会：

序

　　国家中影培训基地（原中影华龙数字艺术培训基地）是中国电影集团国家中影数字制作基地旗下最专业的影视人才培养机构。作为中影的人才储备与培养中心，我们依托中影基地技术分公司，影视后期分公司及影院动画分公司等强大制作实力和大量高端先进的软硬件设备，提供影视后期、影视动画、影视表演、影视化妆、影视编导、影视摄影，影视配音等方向的高端职业技能培训，从而满足国家中影数字制作基地对具备影视艺术修养的实用型人才的需求和填补数字娱乐产业的巨大人才缺口。

　　中影培训基地自成立以来，一直致力于影视特效，后期和三维动画等产业方向行业精英的发掘与培养，每年我们为中影集团乃至整个影视产业培养和输送数以千计的专业人才，得到了广大用人单位的青睐，在影视业内建立了良好的口碑和信誉。在人才培养方面，我们始终坚持精品意识，秉承"着眼就业，着眼发展"的人才培养理念，用务实的态度，创新的精神，配合大量影视商业案例去挖掘和培养复合型人才。在课程设计方面遵循影视学习的科学规律，紧扣产业发展的潮流和趋势。经过多年的不懈探索，我们在电影拍摄，制作实践和人才培养方面积累了大量经验，对影视产业的人才培养形成了独特的见解和认识。基于这一前提，为了促进产业健康有序地发展，制定人才培养标准和规范的时机也已经成熟，为此我们特别精心编写了这一系列的教材，希望对影视爱好者和从业人员在当前影视制作技术的探索上有一定的借鉴和帮助。

　　中影培训基地的专业方向包括：影视后期制作、影视动画、影视编导、影视摄影、影视特效、影视表演、影视化妆、影视配音、影视广告、影视制片等。

快来加入这个奇妙的视听世界，你就是下一个电影人！

本书是针对动画、游戏专业的课程内容而创作编写的。

本书共分9章，第1章讲解了三维动画软件的操作基础，以及各项功能的使用方法；第2章主要讲解了三维基础模型的建立方法；第3章讲解了多边形建模方法；第4章讲解了放样建模方法；第5章讲解了道具的建模方法；第6章讲解了场景建模方法；第7章讲解了不同角色的建模方法；第8章讲解了贴图和材质的制作方法；第9章讲解了动画及骨骼的制作方法。

在教学方法上，主要采取"实例教学为主，理论讲解为辅"的方法，重点强调学生三维手工建模能力的培养，所以本书在写作上偏重于角色与场景的建模部分，让学生通过本书的学习，能够尽快地掌握软件中人物建模与骨骼动画的制作方法，能够让学生制作出理想的三维动画。

本书适于用作游戏、动画、互动媒体专业的大学本科教材、自考本科教材、高等职业学校教材、培训教材与中等职业学校教材等，也适用于学生自学。

感谢其他作者为本书收集和查找资料，并撰写了相关内容，同时还要感谢北京交通大学出版社对本书的大力支持，以及编辑的辛勤工作。

在本课程的教学计划上，分为理论学时和实践学时，理论学时强调教师的讲解和演示，实践学时是让学生按照书中内容制作范例和完成作业，学时安排可参考表1。

表1　本教材各章内容的课时安排建议

教学内容	理论学时	实践学时	教学内容	理论学时	实践学时
第1章	4	4	第7章	12	12
第2章	8	8	第8章	12	12
第3章	12	12	第9章	12	12
第4章	8	8			
第5章	12	12			
第6章	12	12			

作者：张宇

2012年11月20日

目 录
CONTENTS

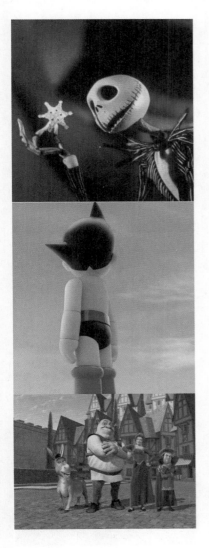

目录
CONTENTS

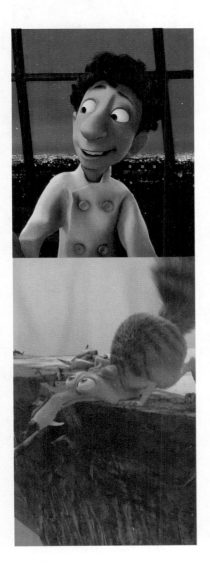

目　录
CONTENTS

目 录
CONTENTS

目录
CONTENTS

◇ 第1章 三维动画制作基础

1.1 三维软件介绍

3ds Max（见图1-1）是Autodesk公司屡次获奖的关于3D建模、动画和渲染的最新解决方案。新版软件能够有效解决由于不断增长的3D工作流程的复杂性对数据管理、角色动画及其速度/性能提升的要求，是目前业界帮助客户实现游戏开发、电影和视频制作及可视化设计中3D创意的最受欢迎的解决方案之一。新版软件适应3D工作流程复杂性的操作需求，提供了先进的角色动画和数据管理功能，同时支持扩展的mental ray网络渲染选项。

在三维动画设计软件中，如果不提3ds Max是不可能的。它的前身是DOS时代的3D Studio，是当时在PC上唯一可以找到的三维动画软件，也是当时工作室制作动画唯一的选择，虽然它的功能很简单，稳定性也不好。Autodesk公司在微软推出Windows NT平台以后对3D Studio的大部分

图1-1 3ds Max

代码进行了重写，发布了3ds Max，从1.0版发展到现在的2013版，3ds Max可以说是经历了一个逐渐成熟的过程。依靠3D Studio在PC平台中的良好影响，3ds Max一推出就受到了瞩目。其丰富的建模和动画能力，简单优秀的材质编辑系统，一下就吸引了大批的三维动画制作者和公司。Autodesk公司内部整合后，将3ds Max整合进了传媒娱乐部，作为统一品牌来推广，这样也强化了3ds Max的推广力度。由于Autodesk公司的强大的品牌力量和公关推广能力，目前在国内，3ds Max的使用人数大大超过了其他三维软件，可以说是一枝独秀。Autodesk公司更是在3ds Max 7.0版本后推出了官方中文版，强化了它在国内的领先优势。

3ds Max的内部体系很开放，对于编程高手，可以轻松地开发出它的增强插件，其中不乏非常优秀的插件，但是最近几年的发展有些缓慢，这受制于它内核的落后，现在主要靠不断整合进第三方插件的方式来增强其功能，例如为了提高渲染速度，整合进了mental ray渲染器；为了加强粒子系统，整合进了Particle Flow；为了提高动力学功能，整合进了Reator；为了实现布料模拟，集成了Cloth；为了实现毛发模拟，集成了Hair & Fur。软件还在8.0版时把原来另售的CS也集成了进来。软件功能的增加，可以不再需要购买其他相应的插件。由于它的功能操作相对简单，加上Autodesk公司在软件的教育培训体系上的强势表现，3ds Max的流行度很高，特别在游戏制作领域是目前动画制作界使用最多的软件。在Autodesk的强势推动下，3ds Max在电影制作领域也开始崭露头角，波兰导演Tomek Bagiski主要用3ds Max制作的《大教堂》获得了第75届奥斯卡最佳动画短片奖的提名，并获得了Siggraph 2002 最佳动画短片奖。电影《后天》中的冰冻效果和部分流体效果也是3ds Max和它的插件的杰作。电影《金刚》的动画开发部分也完全是3ds Max的杰作。

1.2　三维软件操作界面

在3ds Max视图中包含菜单、工具栏、浮动面板、时间线、动力学、视图操作等工具，这些工具都拥有自己的一组功能，而这些功能都秉承着3ds Max一直以来极具逻辑性的特征而构建的，每个功能和命令都有自己的区域，用户对软件的操作很容易上手，下面介绍一些软件的常用功能。图1-2为软件界面区域分布图。

1▶ **File（文件）**

通过文件菜单区域可以找到软件功能设置，这样能让用户轻易地找到相关命令和功能。单击File（文件）出现下拉菜单，其主要功能是创建文件，调用和保存文件。

New（新建）：选择New（新建）命令，系统会创建一个新的场景文件，同时会弹出如图1-3所示的对话框。

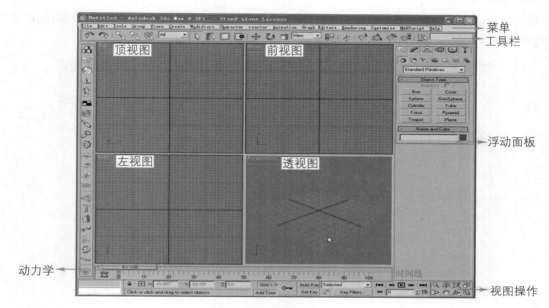

图1-2 区域分布图

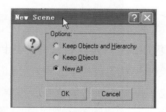

图1-3 新建场景对话框

Keep Objects and Hierarchy（保存对象和层级）：保存现有对象及层级。

Keep Objects（保存对象）：保存现有对象。

New All（新建全部）：全部新建对象。

单击OK按钮进行创建，单击Cancel（取消）按钮取消创建。

Reset（重置）：这个命令非常重要，它可以恢复视图并且重建场景，相对于New（新建）命令，这个命令更加方便和实用。

Open\Save（打开\保存）：打开和保存文件，注意保存格式为（*.max）和文件保存路径。

Open Recent（打开最近）：快捷地打开最近打开过的文件。

Merge（合并）：将其他场景的max文件合并进来。

Import\Export（导入\导出）：将不同格式的文件导入或导出，以便与其他软件进行交互使用。在导入与导出中新增了*.obj格式，可以与Maya软件互相调入。

Summary Info（信息总计）：用于查看所有对象的信息，还包括其物理内存的使用情况，如图1-4所示。

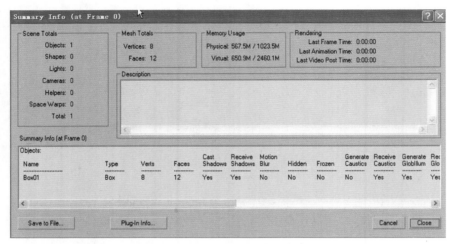

图1-4 Summary Info（信息总计）

View Image File（视口图片文件）：查看默认格式的图片。

2 ▶ Edit（编辑）

用于选择和编辑所选择的对象，包括恢复、重做、暂存、复制、删除、选择和反选。这些功能不但常用而且很重要。其中的一些命令也会出现在工具栏中，用户可以直接进行选择。

Undo（恢复）：快捷键为Ctrl+Z，恢复所执行的命令，恢复步数默认为20步，如果想更改恢复步数，可以在Preference Settings（参数设置）对话框的General（常规）选项卡中设置Scene Undo（场景重做）的Levels（步数），如图1-5所示。

Redo（重做）：如果恢复场景后，需要重做，那么使用Redo（重做）命令将会重做刚被恢复的动作。

Hold（保持）：将当前场景的内容在不被保存的状态下进行暂存，然后新建文件或者关闭软件。

Fetch（恢复暂存）：可将暂存的内容调用回来。

Delete（删除）：删除场景中的对象，按下键盘上的Delete键也可以删除对象。

Clone（克隆）：将对象克隆复制，当执行克隆命令时会弹出对话框，在对话框中可以选择复制出的对象类型：Copy（副本）、Instance（实例）和Reference（参考），如图1-6所示。

Select All（选择全部）：将场景内的所有对象一次选中。

Select None（取消选择）：取消当前选中的对象。

Select Invert（反向选择）：选择未被选中的对象。

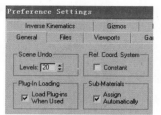

图1-5 Preference（参数）设置　　　图1-6 Clone（克隆）选项

3 ▶ Tools（工具）

Tools（工具）菜单集合了很多重要的操作工具，移动数据输入、选择\显示浮动面板、灯光列表、场景管理、镜像、阵列、对齐、间隔工具、重命名、摄影机匹配、截取视图、通道信息等，如图1-7所示。

Transform Type-In（变换输入）：进入数字输入式的对话框，可以控制对象移动，分为两个部分：坐标数据输入和屏幕位移数据输入，如图1-8所示。

Selection Floater（选择浮动面板）：对话框式的选择工具，可根据名称和类型选择对象，简便实用，如图1-9所示。

图1-8 数据输入式对话框

图1-7 工具菜单

图1-9 选择浮动面板

Display Floater（显示浮动面板）：对话框式的显示工具，可以隐藏和显示所选择的对象，Freeze（冻结）命令可以使对象不被更改，如图1-10所示。

Layer Manager（层管理）：通过建立图层，将对象分别放入不同的图层，然后显示或者隐藏图层内容，并且可以将图层内容设置成可渲染或者不可渲染状态，如图1-11所示。

Manage Scene States（管理场景状态）：对批量渲染场景，可以保存场景。

Mirror（镜像）：根据对象的不同轴向进行镜像复制，复制对象的关系可以是复制、实例等。

Array（阵列）：按照位移、角度、缩放等创建方式批量复制对象，如图1-12所示。

Align（对齐）：两个以上的对象可以进行对齐，Quick Align（快速对齐）命令可以直接选择对齐对象，使目标对象轴心点与原对象的轴心点对齐。

Spacing Tool（间隔工具）：沿着曲线路径进行对象复制，如图1-13所示。

Grap Viewport（获取视口）：对单个视口进行截取，同时可以为图像命名。

图1-10 显示浮动面板   图1-11 层管理面板   图1-12 阵列模型   图1-13 间隔工具

4 Groups（组）

将多个对象组合在一起进行操作，组合后的对象拥有自身新的坐标；不需要群组时，可以对其进行取消操作。

Group（组）：选择两个或两个以上的对象，单击Group命令就可以组成群组。

Ungroup（取消组）：将组成群组的对象取消群组。

Open（打开组）：在不取消群组的状态下，打开群组，以便于编辑其中的每一个对象。

Close（关闭组）：将打开的群组关闭。

Attach（结合）：将非群组对象结合到组中。

Detach（分离）：将结合的对象进行分离。

5 Views（视口）

对视图的控制功能，常用的有恢复视图、栅格显示、背景图片调用、显示变换，专家模式等。

Undo View Change（恢复视口变化）：如果视图被改变了，可以通过此功能恢复。

Grid（栅格）：显示或者隐藏栅格。

Viewport Background（视口背景）：可以调入图片或者图像作为背景。

Show Transform Gizmo（显示变换Gizmo）：显示或者隐藏坐标轴。

6 ▶ Create（创建）

多数的创建功能都集成在这里，如标准几何体与扩展几何体、合成、灯光、摄影机等，但我们通常在创建面板里面进行创建，所以Create（创建）菜单只是一个集合，用户可以根据个人的喜好在这里直接创建。

7 ▶ Modifiers（修改）

与Create（创建）菜单类似，所有功能都存在于修改面板中。

8 ▶ Character（角色）

用于创建角色、置入角色、骨骼创建和修改、设置皮肤姿势等。

Create Character（创建角色）：创建角色图标，其中必须包括模型与骨骼等。通过角色图标可以控制角色变换。

Destroy Character（删除角色）：删除角色图标及其中部件。

Bone Tools（骨骼工具）：创建骨骼、修改骨骼、添加骨骼等，如图1-14所示。

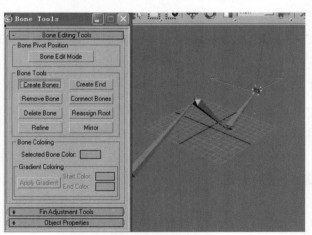

图1-14 骨骼创建工具

9 ▶ Reactor（动力学）

Reactor集成了真实空间对象动力学的制作技术，但这些功能只能在动画中体现，而游戏中的动力学是依靠游戏引擎和程序语言实现的，所以游戏里不支持3ds Max的动力学。

10 **Animation**（动画）

包含正向Ik与反向Ik，路径动画的约束、位移、旋转控制、预览的创建等命令。

11 **Graph Editors**（图表编辑器）

包含Curve Editor（曲线编辑器）和Dope Sheet（摄影表），可以让用户方便地找到任何一个参数，并对其进行修改，或添加声音效果，曲线编辑器如图1-15所示。

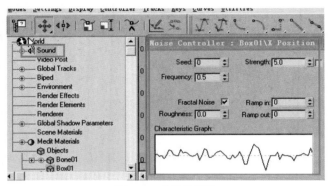

图1-15 曲线编辑器

12 **Rendering**（渲染）

提供了渲染场景和输出图像的功能，拥有高级照明、环境编辑、材质编辑器、烘焙贴图、渲染参数的调节和控制、Video Post视频后期处理等命令。

Render（渲染）：用于生成最终的图片或者动画，单击后出现渲染设置对话框，可设置渲染图像的尺寸和渲染器的类型。

Environment（环境）：设置背景颜色或者背景图像，还可以设置全局照明、大气和火焰效果。

Advanced Lighting（高级照明）：设置为高级照明方式渲染，包含Light Tracer（光线跟踪）模式和Radiosity（光能传递）模式。

Render to Texture（渲染到纹理）：将光线所产生的效果和投影等渲染生成为贴图。在游戏制作中经常使用烘焙贴图达到逼真的视觉效果，它可以控制生成贴图的纹理大小，以此控制模型文件的大小，利于游戏后期的程序导入。

Material Editor（材质编辑器）：调出材质编辑对话框，设置模型的材质和纹理贴图。

Video Post（视频合成）：添加特殊视频效果，如外发光、电弧、光斑、模糊等效果，并且支持渲染。

Ram Player（内存播放器）：将渲染出来的图像或动画调入内存中播放，优点在于播放大文件时视觉效果流畅。

13▶ Customize（自定义）

提供用户定制操作界面的相关命令，用户可以在这里对当前所使用的工作环境进行设置，例如可以加载系统提供的不同风格的用户操作界面，设置单位属性、各种视图参数和对外挂插件的管理。

Load Custom UI Scheme（导入自定义用户界面）：用于更改用户操作界面。

Units Setup（单位设置）：用于定义数据的单位，如米、厘米等，在动画设计中单位设置非常重要，在创建对象时最好使用真实的比例和单位。

Preference（参数）：设置软件的各项参数。

14▶ MAXScript（脚本）

可利用编程语言开发3ds Max的特殊命令，如果用户不会脚本语言，也并不影响用户对软件的使用。

15▶ Help（帮助）

对软件的各项参数进行解释，用户可以通过察看帮助了解软件的使用方法，其中包含Tutorials（教程）帮助、HotKey Map（快捷键地图）等。

1.3 三维软件的坐标系统与常用工具

1.3.1 ▶ 三维的坐标概念

三维坐标如图1-16所示。

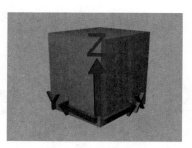

图1-16 三维坐标

在数学中，计算平面的方法是以X、Y计算，而且分为正、负方向，同样在三维空间中也是以X、Y、Z进行坐标定位。每一个视图都是不同的坐标平面，但是它们的坐标体系是一致的。在平面视图如Front（前）、Top（顶）、Left（左）等视图中只能以两个方向轴移动，如果想要在第3个轴向上移动，可以在透视图中进行操作。

在4个视图中，Front（前）、Top（顶）和Left（左）属于平面视图，是一个绝对平面，但在透视图中会发现对象是立体的，如图1-17所示。

3ds Max提供了几种坐标系统，包括View（视图）、Screen（屏幕）、World（世界）、Parent（父对象）、Local（本地）、Grid（栅格）。

View（视图）：这是3ds Max默认的坐标系统，是三维软件中最普遍的坐标。当移动对象时，对象会相对于视图空间进行移动，如图1-18所示。

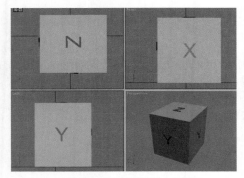

图1-17 坐标所在的4个视图

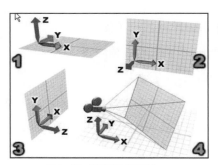

图1-18 视图坐标系统

Screen（屏幕）：屏幕坐标系统在所有视图中都与屏幕平行，X轴为水平方向，Y轴为垂直方向，Z轴为景深方向，如图1-19所示。

World（世界）：X轴为水平方向，正方向向右；Z轴为垂直方向，正方向向上；Y轴为景深方向，正方向指向屏幕内，这个坐标轴在任何视图中都固定不变，如图1-20所示。

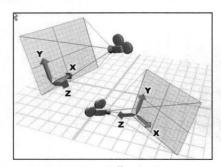

图1-19 屏幕坐标系统

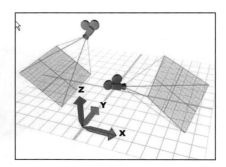

图1-20 世界坐标系统

Parent（父对象）：使用选择对象的父对象的自身坐标系统，可以使子对象保持与父对象之间的关系，在父对象所在的轴向上发生改变。图1-21中桌面上的花盆作为桌子的子对象，使用桌子的坐标在桌子上移动。

Local（本地）：使用对象自身的坐标轴作为坐标系统。设置自身轴向可通过层级面板中Pivot\

Adjust Pivot（轴\调整轴），选择Align to Object（对齐到对象）命令。当多个对象变换时，对象会使用自身坐标轴进行变换，如图1-22所示。

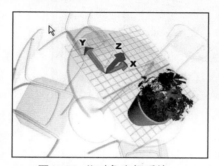

图1-21 父对象坐标系统

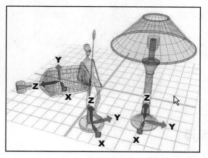

图1-22 本地坐标系统

Grid（栅格）：以栅格对象的自身坐标轴作为坐标系统。图1-23中的书本放在栅格上，使用的是栅格坐标系统。

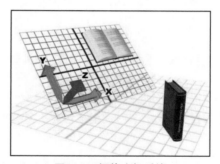

图1-23 栅格坐标系统

1.3.2 常用工具

下面简单介绍3ds Max中一些常用的工具。

1 移动、旋转、缩放工具

移动：当选择移动按钮时，对象上会出现3个轴向，如果选择单个轴向，坐标轴会变为黄色，对象会按照此轴向方向移动；如果选择坐标的黄色部分，如图1-24（右）所示，对象将会在Y、X轴向上任意移动。

旋转：① 在视图平面进行旋转。② 以X轴向为中心旋转。③ 以Y轴向为中心旋转。④ 以Z轴向为中心旋转，如图1-24（中）所示。

缩放：等比缩放，在3个轴向上做等比缩放，不改变形状，如图1-24（左）所示。 不等比缩放，在指定的坐标轴向上进行不等比缩放。 挤出，在指定的坐标轴上作挤出变形。

图1-24 移动、旋转、缩放坐标轴

2 ▶ 选择

可以直接选择对象，但不能移动对象。

3 ▶ 选择列表

打开一个对话框，按名称进行选择。

4 ▶ 选择区域

矩形选择区域、 圆形选择区域、 围栏选择区域、 套索选择区域、 笔刷选择区域。

5 ▶ 选择工具

窗口选择：当使用此框选方式操作时，只有完全被包含在虚线框内的对象才能被选择，部分在虚线框内的对象将不被选择。

交叉选择：当使用此框选方式操作时，虚线框所接触到的对象都会被选择。

6 ▶ 恢复选项

恢复：在默认情况下恢复20步。

重做：将恢复的动作进行重做。

7 ▶ 链接

当使用链接工具选择对象到目标对象时，选择对象将是目标对象的子对象，目标对象就是选择对象的父对象。当父对象移动时，子对象也会跟随移动，但子对象移动时不会影响到父对象。

如果想要取消链接，应选择链接对象，然后直接单击取消选项。

8 ▶ 镜像

将对象进行镜像拷贝、实例复制、参考复制，如图1-25所示。

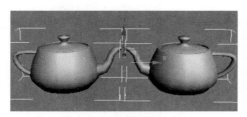

图1-25　镜像后的对象

9 ▶ 材质编辑器

调出材质编辑对话框，并通过材质编辑器将材质指定给对象，这样对象就有了皮肤，如图1-26所示。

10 ▶ 渲染

渲染：打开渲染对话框，进行渲染设置，如图1-27所示。

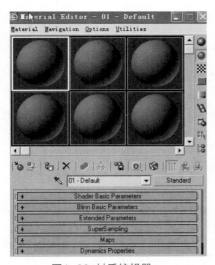

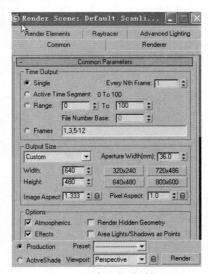

图1-26　材质编辑器　　　　　　　　　　图1-27　渲染场景对话框

快速渲染：快速地渲染选择的视图。

11 ▶ 轴心点控制

轴心点是用于定义对象在旋转和缩放时的中心点。

使用轴点中心：使用选择对象自身的轴心点作为变换的中心点。

使用选择中心：使用选择对象的公共轴心作为变换基础，这样可以保证选择集合之间不会发生相对的变化。

使用变换坐标系中心：使用当前坐标系统的轴心作为所有选择对象的轴心。

12 捕捉开关

2维捕捉：捕捉在当前视图中栅格平面上的曲线和无厚度的表面造型，对于有体积的造型将不会捕捉。

2.5维捕捉：介于二维与三维空间的捕捉，将三维空间中绘制的图形捕捉到二维平面上。

3维捕捉：直接在三维空间中进行捕捉。

角度捕捉：用于设置旋转操作时的角度间隔，在鼠标右键的Options（选项）中设置Angle（角度）值。

百分比捕捉：设置缩放或挤出时的百分比的间隔。

1.4 三维软件的视图调节工具

1.4.1 视图

1 Top（顶）视图

从对象的正上方往下观察的一个空间，在这个空间里面，没有深度，只能编辑对象的上表面。从坐标上看，当选择了对象后，对象出现*X*、*Y*两个坐标，证明在Top视图下对象可以在*X*、*Y*方向上进行移动，如图1-28所示。

2 Front（前）视图

在该视图中可以从正面观察对象，因此也称为正视图，对象可以在*X*、*Y*方向上进行移动，但不能前后移动，如图1-29所示。

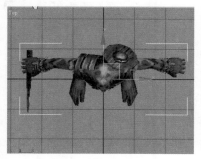

图1-28 Top（顶）视图

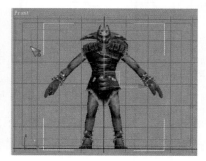

图1-29 Front（前）视图

3 **Left（左）视图**

在该视图中观察对象，相当于从对象的左侧看过去，同样是一个平面视图，对象在X、Y方向上进行移动，但不能前后移动，如图1-30所示。

4 **Perspective（透视）视图**

以上3个视图都是以平面角度去观察和变换对象，透视图则是从立体的角度去观察对象和移动对象，同时对象可以在这个视图内进行任意的移动和旋转操作，如图1-31所示。

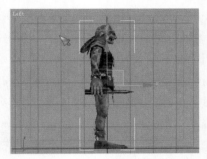

图1-30 Left（左）视图　　　　　　图1-31 Perspective（透视）视图

1.4.2 专家模式

快捷键为Ctrl+X，按下可快速切换为专家模式，单击 Cancel Expert Mode （取消专家模式）按钮即可取消专家模式。当用户需要细致而精确地编辑对象时，往往会受到显示器大小和分辨率的限制，使用专家模式能很快地最大化当前视图，并隐藏四周的各种面板，如图1-32所示。

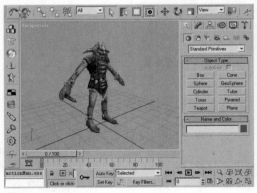

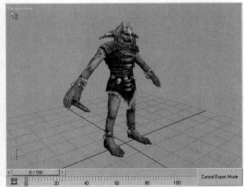

（a）正常模式　　　　　　　　　　（b）专家模式

图1-32 模式对比

1.4.3　设置视图窗口

（1）当用户第1次启动3ds Max时会出现1.4.1节中所描述的4个默认视图窗口。正常情况下，黄色的外框代表当前所激活的窗口，如果需要切换视图窗口，可将光标移动到目标视图的左上角，当出现 图标后便可以转换激活的视图，此操作是编辑对象时用于切换视图的最好方法。

（2）如果用户需要更多的视图，可以用鼠标右键单击视图左上角的文字，在出现的快捷菜单中进行选择。用户还可以利用快捷键切换视图，如果按下T键切换到Top（顶）视图、按F键切换到Front（前）视图、按L键切换到Left（左）视图、按B键切换到Bottom（底视图）、按K键切换到Back（后视图）、按P键切换到Perspective（透视图）、按C键切换到Camera（相机视图）、按U键切换到User（用户视图）。

（3）用户在4视图内可以用移动工具调节视图大小，如图1-33所示。

（4）用户可以自定义视图显示格式，选择Customize（自定义菜单）\Viewport Configuration（视图设置）选项，打开Layout选项并找到自己喜欢的格式，单击OK按钮确认，如图1-34所示。

图1-33 调节视图

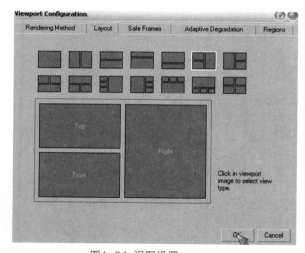

图1-34 视图设置

1.4.4　视图调节工具

视图调节工具如图1-35所示。

视图调节工具（见图1-35）位于界面右下方的Viewport Navigation Controls（视图控制区），当选择一个视图操作工具时，按钮呈黄色显示，表示该按钮为激活状态。

图1-35 视图调节工具

1 🔍 Zoom（缩放）

Keyboard快捷键为：Z。

在激活的视图中按住鼠标左键，上下拖动光标调节视图显示的大小。向上拖动放大视图，向下拖动缩小视图。也可以用Ctrl+Alt+鼠标中键完成缩放视图的操作，或按键盘的"["、"]"键完成同样的操作。

2 ⊞ Zoom All（缩放所有视图）

向上拖动光标放大视图，向下拖动缩小视图。可以调整摄影机视图以外的所有视图大小，在任意一个视图中进行放大或缩小操作时，除摄影机以外其他所有的视图都将同时放大或者缩小。按住Ctrl键，同时单击 ⊞ Zoom All（缩放所有视图）按钮，并在视图中上下拖动光标，缩放功能将不影响Perspective（透视图）的显示大小。

3 ⬚ Zoom Extents（最大化显示）

Keyboard快捷键为：Ctrl+Alt+Z。

下拉面板中包含两个命令，分别是 ⬚ 最大化显示和 ⬚ 对选择对象最大化显示。

⬚ 最大化显示：在用户激活的视图中，将所有对象最大化显示（仅指激活的视图）。也就是说，在视图内所有的对象都会显示在激活的视图中，隐藏对象除外。在使用 ⬚ 最大化显示命令时，如果希望忽略对场景中的某个模型的影响，可用鼠标单击此模型，然后单击鼠标右键，选择Properties（属性）选项，勾选Ignore Extents under Display（忽略次对象的更新显示）选项。

⬚ 对选择对象最大化显示：将所选择的对象，以最大化方式显示在当前激活的视图中。当场景中有多个对象，而用户只需要对某一个对象进行操作，就可以使用此功能最大化该对象。

4 ⊞ Zoom Extents all（最大化所有视图）

Keyboard快捷键为：Ctrl+Shift+Z。

最大化所有视图包含两个命令分别是 ⊞ Zoom Extents all（最大化所有视图）和 ⊞ Zoom Extents all Selected（所有视图中最大化选择对象）。

⊞ Zoom Extents all（最大化所有视图）：将场景中的所有对象以最大化的方式显示在非摄影机视图中。

⊞ Zoom Extents all Selected（所有视图中最大化选择对象）：将所选择的对象以最大化的显示方式显示在非摄影机/灯光视图中。

5 ▷ Field-of-View（视野）

视野工具在视图内有摄影机时才可被启用，在Perspective（透视）图下有下拉列表，但在Camera（摄影机）视图中则没有下拉列表。其包含有 ▷ Field-of-View（视野）工具和 🔍 Region Zoom（区域放大）工具。

Keyboard快捷键为：Ctrl+W。

▷ Field-of-View（视野）仅应用在Perspective（透视）图或Camera（摄影机）视图中。改变的是视图的FOV（镜头）值，向下拖动，视图的镜头将变宽；向上拖动，视图的镜头将变窄。

Region Zoom（区域放大）在视图内框选出需要放大的区域，此区域的内容将会放大。

如果用户想保留视图当前的位置状态，可以选择Views（视图）菜单下的Save Active Perspective View（保存激活透视视口）命令。如在调整过后需要恢复视图，可选择Restore Active Perspective（恢复激活透视）命令，如图1-36所示。

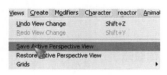

图1-36 保存当前视图

6 ▶ Pan（平移）

Keyboard快捷键为：Ctrl+W。

Pan平移：在当前激活的平面视图内移动视图。按住Ctrl键的同时单击鼠标中键，也可以实现在视图内平移的效果。

Walk Through（漫步）：这是在游戏中使用的漫步视图模式，游戏中用W（前）\A（左）\S（后）\D（右）键进行角色的运动。同样，在该模式下也可以利用这四个键移动角色，模拟在游戏中角色运动的效果。

7 ▶ Arc Rotate（弧形旋转）

围绕视图中的模型对象使视图进行旋转。在进行弧形旋转时，视图中会出现一个绿色的圆圈，在圈内拖动鼠标，视图将会进行360度旋转，旋转轴心为视图的中心点。

Arc Rotate Selected（弧形旋转选择对象）：以选择对象为中心进行视图的旋转，这是一个常用的选项。

Arc Rotate Sub-Object（弧形旋转选择对象中的次级对象）：以对象中的次级对象为视图的旋转中心。此命令也可以按下Alt+鼠标中键进行视图的旋转。

8 ▶ 最大化当前视图

Keyboard快捷键为：Alt+W。

将当前激活的视图最大化显示。

1.4.5 摄影机视图的应用

当选择了摄影机视图为当前视图，那么视图工具将会变换为摄影机视图模式，如图1-37所示。

图1-37 摄影机视图调节工具

Dolly Target（推拉摄影机）：沿视线移动摄影机的目标点，会产生拉动放大、推动缩小的视觉效果。

Perspective（透视）：以推拉方式改变摄影机的镜头值。向上拖动，摄影机将接近目标对象；向下拖动，摄影机将远离目标对象。

Roll Camera（旋转摄影机）：沿水平方向旋转摄影机。当摄影机为Target Camera（目标摄影机）时以水平方向旋转摄影机。当摄影机为Free Camera（自由摄影机）时以自身Z轴方向旋转摄影机。

Orbit Camera（环游摄影机）：固定摄影机的目标点，并以目标点为中心旋转视图。

Pan Camera（摇摆摄影机）：固定摄影机的出发点，视图沿目标点的X、Y轴进行自由的旋转操作，按住Ctrl键并在水平方向拖动，视图则沿其中的某一个轴向进行旋转。

1.5 创建面板介绍

创建面板包括7大模块，分别为几何体创建模块、图形创建模块、灯光创建模块、摄影机创建模块、辅助工具模块、空间扭曲模块和系统模块。本节主要介绍什么是创建面板、创建面板有哪些功能和创建工具的基本类型，重点在几何体创建模块、图形创建模块的基本功能等。

1.5.1 几何体创建模块

几何体创建模块如图1-38所示。

图1-38 几何体创建模块

1 Standard Primitives（标准几何体）

创建基本的几何体。

2 Extended Primitives（扩展几何体）

在标准几何体基础上创建扩展几何体（见第4章）。

3 Particale Systems（粒子系统）

Particale Systems（粒子系统）如图1-39所示。

PF Source（粒子流）：调出粒子流程面板，自定义粒子的喷射效果，如图1-40所示。

Spray（喷射）：发射垂直的粒子流，粒子可以是四面体或面片，可以制作喷泉、下雨、烟等效果。图1-41是施加了风力效果的Spray。

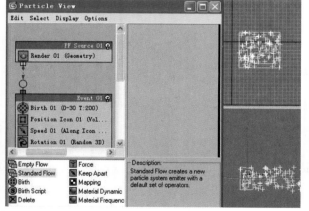

图1-39 粒子系统模块   图1-40 粒子流程面板   图1-41 Spray（喷射）效果

Snow（雪）：与Spray（喷射）大致相同，只是粒子的形态可以设置为六角形面片，以模拟雪花，而且增加了翻滚参数，控制每颗雪片在落下时进行翻滚运动。不仅可以模拟下雪，还能够将多维材质指定给粒子，实现五彩缤纷的碎片效果，如图1-42所示。

Blizzard（暴风雪）：从一个平面向外发射粒子流，与Snow（雪）很像，但功能比较复杂，从发射平面上产生的粒子在落下时不断旋转、翻滚，粒子可以是标准几何体、变形球粒子或替身几何体，甚至不断发生变形，用于表现火、气泡等效果，如图1-43所示。

PArray（粒子阵列）：以一个三维模型作为目标对象，从它的表面向外发散出粒子阵列。可以表现喷发、爆炸等特殊效果，将一个对象炸成带有厚度的碎片，是动画中常用的手段，如图1-44所示。

Super Spray（超级喷射）：从一个点向外发射粒子，与Spray（喷射）相似，但功能参数更为复杂，可以发射代替对象，通过参数控制可以实现喷火、喷水、瀑布等效果。

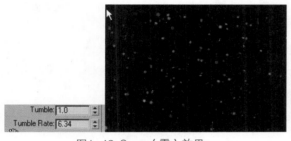

图1-42 Snow（雪）效果　　　　　图1-43 Blizzard（暴风雪）效果

PCloud（粒子云）：限制在一个空间内部产生粒子效果。通常空间可以是球形、柱体或长方体，也可以是任意指定的目标对象，空间内的粒子可以是标准几何体、变形球粒子或替身几何体。常用于模拟蚂蚁、蜜蜂、人群等效果。

4 Patch Grids（面片网格）

Patch Grids（面片网格）建模是一种传统的建模方法，它可以利用贝兹曲线控制曲面的形状，现在多边形的建模方法已得到增强，很大程度上代替了mesh（网格）建模法，在这里我们对Patch Grids（面片网格）建模方法只作简单了解，如图1-45所示。

Quad Patch（方形面片）：创建一个默认具有36个四边形的面片平面。

Tri Patch（三角形面片）：创建一个具有72个三角面的面片平面。无论面片大小比例为多少，都是由72个面组成的面片。

5 NURBS Surface（NURBS曲面）

NURBS曲面建模是目前用途很广的一种建模方法，基于控制点来调节表面曲度，自动计算出光滑的表面精度。优点是控制点少，方便用户进行调解，如图1-46所示。

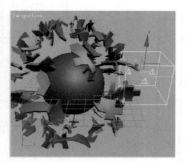

图1-44 PArray（粒子阵列）爆炸效果　　图1-45 对象创建类型　　图1-46 NURBS曲面建模

Point Surf（点曲面）：通过点来控制曲面形状，如图1-47所示。

CV Surf（CV控制曲面）：用CV控制曲线来控制曲面形状，如图1-48所示。

图1-47 点曲面　　　　　　　　图1-48 CV控制曲面

6 Doors\Windows\AEC Extended

扩展新增的创建功能（见第4章）。

7 Dynamics Objects（动力学对象）

动力学对象是一种特殊的网格对象，可以与自身绑定对象的运动产生关联作用，分为Damper（阻尼器）和Spring（弹簧）两种。

8 Stairs（楼梯）

方便快捷地建立各种类型的楼梯模型。

1.5.2 图形创建模块

图形创建模块如图1-49所示。

Spline（样条曲线）：在二维空间中创建曲线（见第6章）。

NURBS Curves（NURBS曲线）：分为Point Curves（点控制曲线）和CV Curves（CV控制曲线），如图1-50所示。

Extended Splines（扩展曲线）：新增扩展曲线功能包含了几个默认的基本曲线形状，每个曲线形状都可以在建立的时候进行调解，大大增强了样条曲线的功能，如图1-51所示。

（a）点制控曲线 （b）CV控制曲线

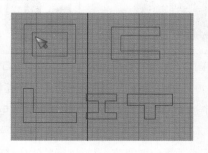

图1-49 图形创建模块　　　　图1-50 NURBS曲线　　　　　　图1-51 扩展曲线类型

1.5.3 灯光创建模块

灯光创建模块分为Standard（标准灯光）和Photometric（光度学灯光）两类，如图1-52所示。

1 Standard（标准灯光）

标准灯光类型如图1-53所示。

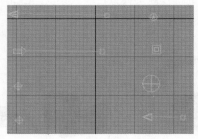

图1-52 灯光创建模块　　　　　　图1-53 标准灯光类型

Target Spot（目标聚光灯）：产生锥形的照射区域，在照射区以外的对象不受灯光影响，同时被系统指定了目标控制点，可以在视图中改变灯光照射的目标点，如图1-54所示。

Target Direct（目标平行光）：产生单方向的平行照射区域，它与目标聚光灯的区别是照射区域呈圆柱形，主要模拟太阳光的照射，对于户外场景非常适用，也可用于模拟激光光束等，与目标聚光灯一样被系统指定了目标控制点，可以在视图中改变灯光照射的目标点，如图1-55所示。

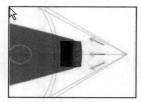 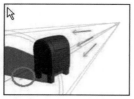 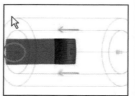 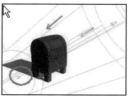

图1-54 带有目标点的Target Spot（目标聚光灯）   图1-55 带有目标点的Target Direct（目标平行光）

Free Spot（自由聚光灯）：产生锥形的照射区域，它其实是一种受限制的目标聚光灯，不会在视图中改变投射范围，可以制作摇晃的手电筒、舞台的射灯等效果，如图1-56所示。

Free Direct（自由平行光）：产生平行的照射区域，是一种受限制的目标平行光，在视图中的投射点和目标点不可分别调节，只能进行整体的移动和旋转，可以保证照射范围不发生改变，如图1-57所示。

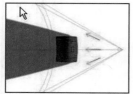 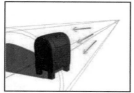 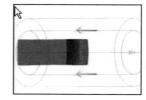 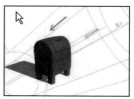

图1-56 没有目标点的Free Spot（自由聚光灯）   图1-57 没有目标点的Free Direct（自由平行光）

Omni（泛光灯）：呈正八面体，向四周发散光线，能够照亮整个场景，优点是易于建立与调节，可以用来模拟灯泡等光源对象，是一个非常重要的功能，如图1-58所示。

Skylight（天光）：能够模拟日照效果。与Light Tracer（光线追踪）相配合，可以产生出全局光照的效果，如图1-59所示。

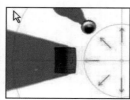 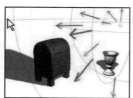  

图1-58 Omni（泛光灯）   图1-59 Skylight（天光）效果图

mrArea Omni（mr区域泛光灯）：Mental Ray渲染器所使用的灯光。

mrArea Spot（mr区域聚光灯）：Mental Ray渲染器所使用的灯光。

2 Photometric（光度学灯光）

光度学灯光通过设置灯光的光度学值来模拟现实场景中的灯光效果，如图1-60所示。用户可以为灯光指定各种各样的分布方式、颜色特征，还可以导入从照明厂商那里获得的特定光度学文件。

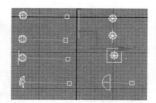

图1-60 Photometric（光度学灯光）类型

1.5.4 摄影机创建模块

摄影机创建模块分为Target（目标射影机）和Free（自由摄影机）两类，只有通过摄影机渲染出来的图片才是真正具有正确透视和正确贴图效果的图像。建立摄影机后，可按C键将当前视图切换为摄影机视图，同时可以施加多台摄影机，如图1-61所示。

Target（目标摄影机）：带有目标点，可以指定目标点为轴心进行旋转拍摄的摄影机。

Free（自由摄影机）：不带目标点的摄影机，可在视图内直接创建，多用于固定角度的拍摄。

　　　　　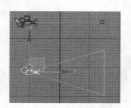

（a）摄影机创建模块　　　　　（b）摄影机创建类型

图1-61 摄影机

1.5.5 辅助工具模块

辅助工具模块本身不能进行渲染，但却起着辅助制作的重要作用，如图1-62所示。

Standard（标准型）：用于制作动画时的基本辅助工具。如Dummy（虚拟对象）、Point（点）等常用的辅助工具。

Atmospheric Apparatus（大气装置）：用于创建大气对象的外框装置，可将火焰、雾气等装进来，如图1-63所示。

Camera Match（摄影机匹配）：结合摄影机匹配程序，将摄影机的透视角度与背景图像相匹配，从而将三维造型与真实环境进行融合。如图1-64所示，进行捕捉后（左），图像前面是三维制作的犀牛，后面是图像素材，图像素材上的红色标记是用来定位距离的（右）。

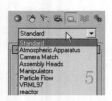

图1-62　辅助工具模块　　　　　　　图1-63　大气装置　　　　　　　　图1-64　摄影机匹配

Manipulators（操纵器）：用滑块功能等操纵对象。如图1-65所示，Slider（滑块）可与数据进行绑定，达到控制表情的效果。

VRML97：可将对象及动画输出到VRML 2.0浏览器，进行虚拟空间的互动操作。

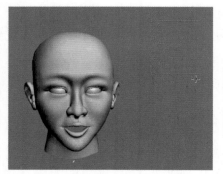

图1-65　表情控制操纵器　　　　　　　　　图1-66　空间扭曲模块

1.5.6　空间扭曲模块

空间扭曲是在场景中影响其他对象的不可渲染对象，能够建立场及发生各种变形，如涟漪、波浪、风等，如图1-66所示。

Forces（力）：主要用于粒子系统和动力学系统，它集合各种模拟自然外力作用的工具，这些工具均可用于粒子系统，其中大部分可用于动力学系统。如风力、推力、拉力等，如图1-67所示。

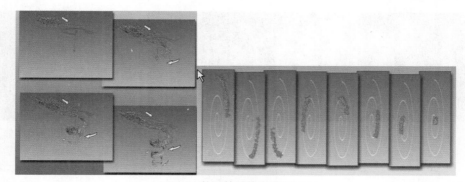

图1-67　粒子按照轨迹进行运动

　　Deflectors（导向板）：集合了各种控制粒子流发射方向的导向工具，这些工具均可作用于粒子系统和动力学系统，水流落到对象上反弹的效果如图1-68所示。

　　Geometric/Deformable（几何/变形扭曲）：用于三维对象形态的改变，如波浪、涟漪、包裹、置换贴图、爆炸等，如图1-69所示。

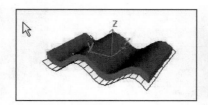
波浪变形

包裹变形

涟漪变形

置换贴图变形

图1-68 水流落到对象上反弹的效果　　　　　　　图1-69 几何/变形扭曲

　　Modifier-Based（基本变动空间扭曲）：专用于在空间中改变大量对象的形态，它们本属于基本的变动修改命令，这里允许作用于整个空间，对大量对象同时产生影响。

　　注意: 用 去绑定对象才能达到图1-70所示的效果。

　　Particles & Dynamics（粒子与动力学）：矢量力场，属于群集动画的内容。

　　reactor（反应堆动力学）：真正利用力学原理来制作动画效果。

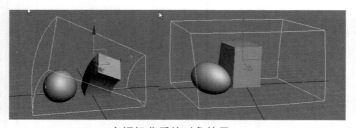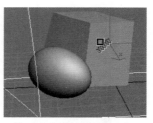

空间扭曲后的对象效果　　　　　　　　　　使对象绑定到空间扭曲

图1-70 基本变动空间扭曲

1.5.7 系统模块

系统模块用于联合并控制对象，使对象系统产生特定的行为。通过系统工具还可以使用一些独立的参数选项控制复杂的动画过程，如图1-71所示。

Bones（骨骼）：用于创建骨骼连接，配合IK反向动力学完成复杂的连接动画，如图1-72所示。

图1-71 系统模块　　　　　　　　图1-72 Bones（骨骼）

Ring Array（环形阵列）：可建立一个由长方体组成的环形阵列，长方体可用其他对象取代，如图1-73所示。

（a）常规Ring Array（环形阵列）　　　（b）Ring Array（环形阵列）代替对象

图1-73 环形阵列

Sunlight（阳光）：阳光自动生成系统，可以按地图或经纬度自动生成灯光，起到精确的日光照射效果。

Daylight（日光）：阳光和天光的集合，依据指定的地理纬度和太阳移动情况为系统创建和设置日光动画。

Biped（二足动物）：打开Character Studio插件系统，用于创建角色人物。

1.6　修改面板介绍

通过创建命令面板可以创建图形、几何体、灯光、摄影机等对象，但如果需要对它们的参数进行调节或改变，就要进入 修改面板。在动画制作中，修改面板对对象的建立起到至关重要的作用，本节主要介绍在动画制作中，一些关键的修改设置功能和基本的修改命令。

1.6.1　修改堆栈命令

修改堆栈命令如图1-74所示。

当参考对象和其他类型对象使用同一修改命令后，显示为斜体。

当多个对象使用同一修改命令后，显示为斜体。

Modifier list（修改列表）：施加修改命令。

图1-74　修改堆栈命令

 显示或关闭修改。

 锁定堆栈：将修改堆栈锁定到当前的对象上，即使在场景中选择了其他对象，命令面板仍然会锁定为修改对象的状态。

 显示最终结果：如果当前处在修改堆栈的中间或底层，视图中只会显示出当前所在层之前的修改结果，按下此按钮可以观察到最后的修改结果。本功能在返回前面的层中进行修改时非常有用，可以随时看到前面的修改对最终结果的影响。

 修改独立：当多个对象同时被施加同一个修改命令后，单击此按钮后会将修改命令独立分配给每个对象。

 删除修改：将当前修改命令从修改堆栈中删除。

1.6.2　塌陷命令

使用鼠标右键单击修改堆栈，会出现快捷菜单，如图1-75所示。

Collapse To（塌陷）：将堆栈中选择的修改命令与下面的修改命令进行

图1-75　右键快捷菜单

合并。对象塌陷后会失去这些修改命令的建造历史，以后将不能再返回调整。

Collapse All（塌陷全部）：将所有堆栈中的修改命令进行合并。

1.6.3 修改命令列表

修改命令列表如图1-76所示。

图1-76 修改命令列表

下面介绍游戏制作中一些常用的命令。

1 Selection Modifiers（选择修改器）

将各种类型的对象以次对象选择的形式添加到修改堆栈中。

Mesh Select（网格选择）：对多边形网格类型对象进行次对象级的选择操作。

Poly Select（多边形选择）：对多边形对象进行次对象级的选择操作，分为Vertex（点）、Edge（边）、Face（面）、Polygon（多边形）、Element（元素）5种子对象级别，可以配合其他修改命令对对象局部进行修改。

2 WORLD-SPACE MODIFIER（世界空间修改器）

包含Camera Map（摄影机贴图）、Displace Mesh（置换网格）、Hair and Fur（毛发）、MapScaler（缩放贴图）、PatchDeform（面片变形）、PathDeform（路径变形）、Point Cache（点缓存）、SurfDeform（曲面变形）等，如图1-77所示。

3 OBJECT-SPACE Modifier（对象空间修改器）

此功能区域包含了大多数的对象形态修改功能，例如可以使对象弯曲、补洞等工具。

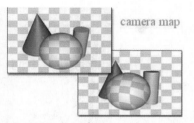

（a）SurfDeform（曲面变形）修改命令　　　　（b）Camera Map（摄影机贴图）修改命令

图1-77 世界空间修改器

Bend（弯曲）：使对象弯曲，但对于柱体则需要设置更多的段数才能得到效果。参考参数如图1-78所示。

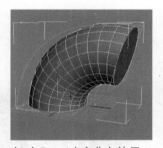

（a）设置柱体的段数　　（b）Bend（弯曲）效果　　（c）Bend（弯曲）参数

图1-78 设置弯曲效果

Cap Holes（补洞）：对多边形缺失的面进行补洞，如图1-79所示。

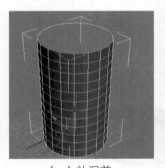
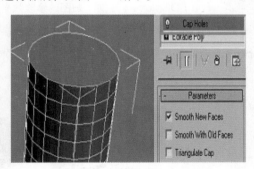

（a）补洞前　　　　　　　　　（b）补洞后

图1-79 补洞

Delete Mesh（删除网格）：删除选择点、面、边界、元素，与使用Delete键的结果一样，但Delete Mesh（删除网格）是一个变动修改，不会像按下Delete键一样删除整个集合，当再次需要那些被删除的部分时，只要将这个修改命令关闭或删除就可以了，如图1-80所示。

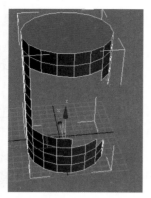

（a）删除面后的模型 　　　　　（b）添加Delete Mesh（删除网格）修改命令

图1-80 删除网格

Displace（置换）：将图片调入进行置换，但图片应为黑白图像，调节Strength（强度）值，使对象凸出或凹陷，如图1-81所示。

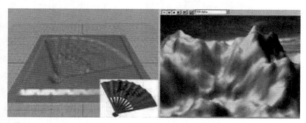

（a）Displace（置换）贴图的修改效果 　　　　（b）贴图选项

图1-81 置换

Disp Approx（近似置换）：此工具可以使对象表面根据一个灰度图像显示出挤压效果，效果如图1-82所示。

图1-82 Disp Approx（近似置换）

创建方法：

01 创建Box（长方体），在修改面板上添加UVW Mapping（UVW贴图），选择Plane（平面）。

02 添加Disp Approx（近似置换）并修改命令。

03 打开 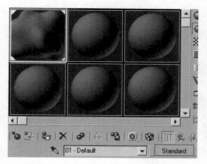，调出对话框，设置及参数如图1-83所示。

选择一个材质球并指定给对象　　　　添加置换图片

图1-83 设置材质

04 单击 渲染按钮，如图1-84所示。

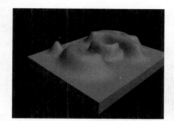

图1-84 完成效果

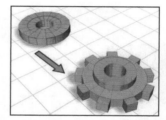

图1-85 Face Extrude（面挤出）效果

Face Extrude（面挤出）：可将选择的面凸出或凹陷，如图1-85所示。

创建方法:

01 建立对象并将其转化为Editable Mesh（可编辑网格）。

02 选择面级别。

03 在修改器中添加Face Extrude（面挤出）。

04 调节Amount（数量）值，如图1-86所示。

FFD(Box)（自由变形）：与FFD 2×2×2\ FFD 3×3×3\ FFD 4×4×4\ FFD（cyl）一样，可以对对象施加变形效果，然后进行调节。选择对象，在对象上添加FFDBox，通过Set Number Of Points（设置控制点数目）命令调节网格的数目，通过Control Points（控制点）命令调节对象形状，如图1-87所示。

Extrude（挤出）：将绘制的二维图形挤出成对象。制作二维图形，在其上添加Extrude（挤出）命令，设置Amount（数量）值，如图1-88所示。

Bevel（倒角）：与Extrude（挤出）不同，Bevel（倒角）可以在曲线上实现倒角效果，但Extrude（挤出）和Bevel（倒角）都只能在曲线上施加一次命令，而不能是两者重复叠加使用，如图1-89所示。

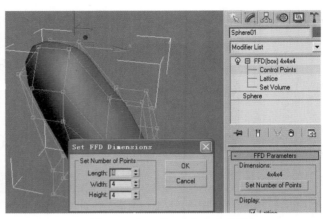

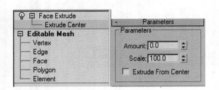

图1-86　添加Face Extrude修改　　　　　　　　　图1-87　FFD(Box)（自由变形）

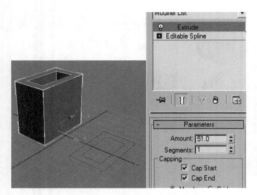

图1-88　Extrude（挤出）

图1-89　Bevel（倒角）

　　Bevel Profile（倒角剖面）：从Bevel（倒角）工具衍生出来的工具，它提供了一个Shape（图形）作为倒角的轮廓线，在Text（文字）上施加Bevel Profile（倒角剖面），然后用Pick Profile（拾取轮廓）单击Shape（图形），生成对象，如发现文字倒角出现错误，可以选择Keep Lines From Crossing（避免线相交），防止折角产生的突出变形，如图1-90所示。

图1-90　Bevel Profile（倒角剖面）

HSDS：将对象进行分级细化，特点是对局部进行细化，参数如图1-91所示。

Lattice（晶格）：生成线框结构，适用于展示建筑结构，如图1-92所示。

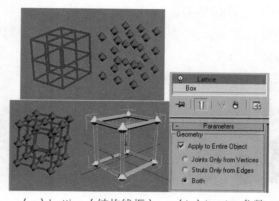

（a）Lattice（结构线框） （b）Lattice参数

图1-91 HSDS

图1-92 Lattice

Melt（融化）：模拟融化的效果，如雪、水滴等。支持Ice（冰）\Glass（玻璃）\Jelly（果冻）\Plastic（塑料）的融化，如图1-93所示。

Mirror（镜像）：在一个对象内，将模型复制为对称对象，如图1-94所示。

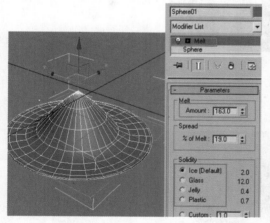

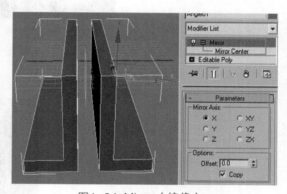

图1-93 Melt（融化）

图1-94 Mirror（镜像）

Mesh Smooth（网格平滑）：对尖锐的折角可以起到平滑的效果，共有10个平滑级别，平滑后模型的面数以倍数增加，所以此功能在建模中会经常使用，但在游戏中很少使用，具体如图1-95所示。

MultiRes（多精度）：优化表面精度，被优化的部分将大量地减少表面点数和多边形数量，并尽可能保持对象外形不发生改变，可用于三维动画模型的优化和网络传输，与Optimize（优化）修改器相比，提高了操作速度，但优化后模型的多边形网格不够规则，所以要尽量保持网格的连续性，否则在执行MultiRes（多分辨率）时会出现贴图错乱，如图1-96所示。

Vert Percent（点百分比）：减少点在整体比例中的数量。

Vert Count（点数量）：所有顶点数量。

Vertex Merging（合并顶点）：将邻近的顶点进行结合。

Generate（生成）：生成最后效果。

Reset（重设）：恢复到最开始状态。

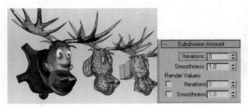

（a）网格平滑　　（b）平滑级别

图1-95 网格平滑

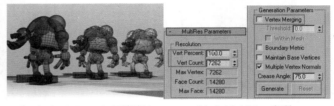

（a）MultiRes（多精度）　　（b）MultiRes参数

图1-96 多精度

Morpher（变形）：用于设置人物表情，如图1-97所示。

图1-97 Morpher（变形）

Normal（法线）：可以将法线翻转，如制作天空，就可以以半球包裹的方式制作出天空效果，如图1-98所示。

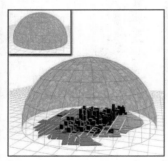

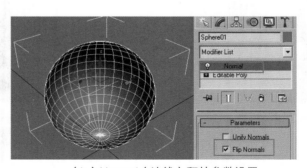

（a）Normal（法线）翻转效果　　（b）Normal（法线）翻转参数设置

图1-98 法线设置

Physique：进行角色的骨骼蒙皮，是制作动画角色的重要方法。关于蒙皮方法，后面会有更为详细的介绍，如图1-99所示。

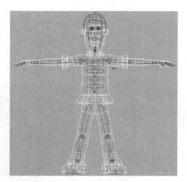

图1-99　角色骨骼蒙皮

Push（膨胀）：可将对象膨胀，不同于缩放功能，多用于制作角色的外套或盔甲，也可以选择面，然后对选择的面施加Push（膨胀）命令，调节Push Value（膨胀值）可将选择部分膨胀出来，效果及参数如图1-100所示。

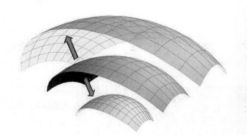

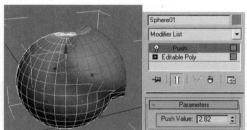

（a）Push（膨胀）　　　　　　　　　　　　　（b）Push（膨胀）参数设置

图1-100　膨胀

Relax（收缩）：与Push（膨胀）相反，对选择的面进行收缩。红线框为参数调节部分，效果及参数如图1-101所示。

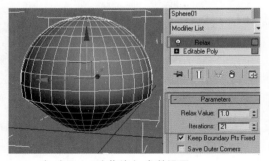

（a）Relax（收缩）参数设置　　　　　　　　　（b）Relax（收缩）参数值效果

图1-101　收缩

Shell（壳）：将对象内部变成封闭的壳模型，而且厚度和内部都可以产生不同颜色的材质。红线框为参数调节部分，效果及参数如图1-102所示。

　　Skew（倾斜）：使对象或对象的局部在固定轴向上产生倾斜。红线框为参数调节部分，效果及参数如图1-103所示。

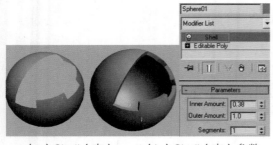
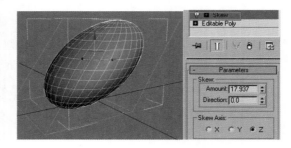

（a）Shell（壳）　　　（b）Shell（壳）参数

图1-102　壳

图1-103　Skew（倾斜）参数设置

　　Skin（蒙皮）：对骨骼进行绑定皮肤并制作（见图1-104），除此之外还可以以长方体等对象作为骨骼进行绑定。

　　Skin Wrap（蒙皮包裹）：将盔甲等作为包裹对象一起与皮肤绑定，可以使布料或盔甲跟随骨骼进行变动。红线框为参数调节部分，如图1-105所示。

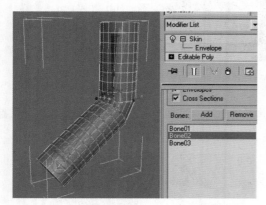
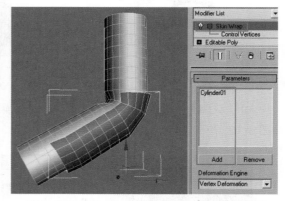

图1-104 Skin（蒙皮）及参数设置

图1-105　Skin Wrap（蒙皮包裹）及参数设置

　　Slice（切片）：可将对象分成两个部分。Split Mesh为切片网格，在Edit Mesh（编辑网格）中可以用元素将对象分离开，参数如图1-106所示。

　　Smooth（平滑）：为对象指定不同的平滑组，产生不同的表面平滑效果，也就是在没有增加面的情况下，使对象表面平滑。在Edit Mesh（编辑网格）中选择面，在Smooth（平滑）层级中设置平滑属性，如图1-107所示。

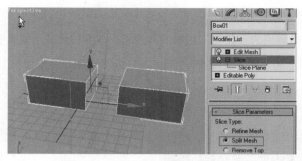

图1-106 Slice（切片）及参数设置

（a）Smooth（平滑）效果

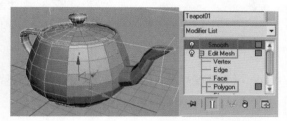

（b）Smooth（平滑）及参数设置

图1-107 平滑

Spherify（球面化）：将对象变为球体，变化过程可以记录为动画，如图1-108所示。

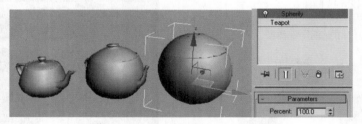

图1-108 Spherify（球面化）及参数设置

Twist（扭曲）：将对象进行扭曲，参数如图1-109所示。

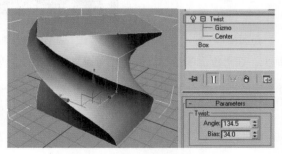

图1-109 Twist（扭曲）及参数设置

　　Turn to Poly（转换为多边形）：与Turn to Mesh（转换为网格）、Turn to Patch（转换为面片）一样，可以将当前对象的类型转换为多边性、网格、面片等。在堆栈里按下鼠标右键，弹出快捷菜单，通过选择Collapse All（塌陷全部）将对象转换为Editable Poly（可编辑的多边形），如图1-110所示。

（a）Turn to Poly（转换为多边形）　　　　　　　　　（b）塌陷为多边形

图1-110　转换为多边形

　　UVW map（贴图坐标）：为对象指定不同的贴图坐标类型，可以在不同的面和位置进行贴图，分为平面、柱体、方体、球体等贴图类型，如图1-111所示。

　　Unwrap UVW（展开贴图）：将立体对象展开为平面网格，如图1-112所示。

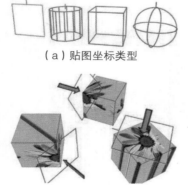

（a）贴图坐标类型

（b）贴图坐标的不同位置

图1-111　贴图坐标

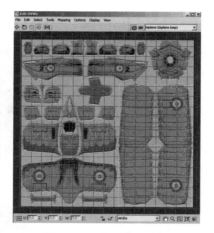

图1-112　展开贴图编辑器

　　Vertex Paint（顶点绘制）：在对象上喷绘顶点颜色，可以直接作用于对象，也可以作用于限定的选择区域。如果要对喷绘的顶点颜色进行最终渲染，需要为对象指定Vertex Color Map（顶点颜色贴图）材质，如图1-113所示。

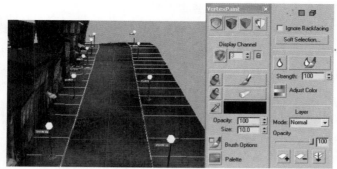

Vertex Paint（顶点绘制）效果图　　　顶点绘制工具

图1-113　顶点绘制

1.7　辅助面板介绍

辅助面板可以帮助用户对对象进行辅助调节和制作，包括有层级面板、运动命令面板和显示命令面板等。

1.7.1　层级面板

层级面板包含Pivot（轴心点）、IK（反向运动）、Link Info（链接信息）3类面板，如图1-114所示。

1 Pivot（轴心点）

轴心是对象自身的中心和自身的坐标系统，可以作为旋转、放缩的轴心，如制作开门动画时可以将轴心点调整到对象的边缘。移动后也可以重新将轴心点恢复到对象中心，如图1-115所示。

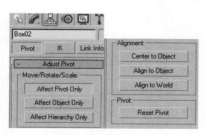

图1-114　层级面板

图1-115　轴心点

Adjust Pivot（调节轴心点）卷展栏中各项参数说明如下。

Affect Pivot Only（仅影响轴）：仅对当前选择对象的轴心点产生变换影响，这时使用移动或旋转工具可以调节轴心点的位置和方向。

Affect Object Only（仅影响对象）：仅对当前选择对象产生变换影响，不对轴心点产生变换影响，这时使用移动或旋转工具可以调节轴心点的位置和方向。

Affect Hierarchy Only（仅影响层级）：仅对当前选择对象的子对象产生旋转和缩放变换影响，不改变它的轴心点位置与方向。

Alignment（对齐）组：该选项仅对Affect Pivot Only（仅影响轴）和Affect Object Only（仅影响对象）命令起作用，用于轴心点的对齐。

Center to Object（居中到对象）：移动轴心点到对象的中心位置。

Align to Object（对齐到对象）：旋转轴心点，使它与对象的变换坐标轴方向对齐。

Align to World（对齐到世界坐标）：旋转轴心点，使它与世界坐标轴方向对齐。

2 IK（反向运动）

此面板包含对象在IK动力学状态下的调节信息，如图1-116所示。

3 Link Info（链接信息）

此面板可以锁定物体在运动过程中在某一轴向上的移动、旋转、缩放状态，如图1-117所示。

图1-116　IK参数　　　　　图1-117　链接参数

1.7.2 ◎ 运动命令面板 ▼

运动命令面板包含Parameters（参数）和Trajectories（轨迹）2个控制面板，如图1-118所示。

◤1◥ **Parameters（参数）**

包含Assign Controller（指定控制器），可以为对象指定各种动画控制器，完成不同类型的运动控制，如沿路径进行运动等。 在列表中有3个选项，Position（位移）、Rotation（旋转）和Scale（缩放），每个项目都可以提供多种不同的动画控制器，如图1–119所示。

图1–118 运动命令面板　　　　　图1–119 Assign Controller（指定控制器）

◤2◥ **Trajectories（轨迹）**

进入轨迹控制面板，可以显示出对象运动的轨迹，可以使用变换工具在视图中对关键点进行移动、旋转、缩放，从而改变运动轨迹的形状，如图1–120所示。

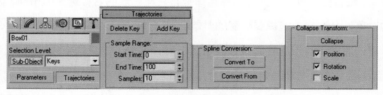

图1–120 Trajectories（轨迹）面板

Sub–object（子对象）：打开关键点子对象级别，可以使用变换工具对一个或多个关键点进行移动、旋转或缩放操作。

Add Key（添加关键点）：在轨迹上的不同位置上添加关键点。

Delete Key（删除关键点）：将选择的关键点删除。

Sample Range（采样范围）：分为开始时间和结束时间。

Convert to（转化为）：根据产生的区段和间隔，把当前的曲线转换成Spline（样条线）。

Convert From（转化自）：依据上面的区段和间隔，将视图中拾取的样条曲线转换成对象的运动轨迹。

Collapse（塌陷）：将当前选择对象的变换操作进行塌陷处理。

1.7.3　🖥 显示命令面板

此面板可以显示或者隐藏视图中的物体，也可以根据物体的不同类型进行显示和隐藏。

Hide by Category（按类别隐藏）：按照所提供的对象类别进行隐藏，包括几何体、图形、灯光、摄影机、辅助工具、空间扭曲、粒子系统和骨骼对象。通过勾选按类别进行隐藏。

Hide（隐藏）：隐藏是将所选择对象不显示在视图上，渲染时也不会出现，如图1-121所示。

　　（a）Hide by Category（按类别隐藏）　　　（b）Hide（隐藏）

图1-121　隐藏

Hide Selected（隐藏选定对象）：将当前视图中已经选择的对象隐藏。

Hide Selected（隐藏未选择对象）：将当前视图中未选择的对象隐藏。

Hide by Name（按名称隐藏）：弹出名称选择框，它与一般的名称选择框相同，左侧列表框中显示当前视图中存在的对象，允许自由选择要隐藏的对象。

Hide by Hit（单击隐藏）：当此按钮处于按下状态时，被单击的对象将会被隐藏。

Unhide All（全部显示）：将所有隐藏的对象显示出来。

Unhide by Name（按名称显示）：弹出名称选择框，左侧列表框中显示当前视图中存在的隐藏对象，允许自由选择要显示的对象。

Hide Frozen Objects（隐藏冻结对象）：可将视图内的冻结对象隐藏。

Freeze（冻结）：将选择的对象进行固定，对象变为灰色显示，与隐藏不同的是，冻结对象可以被显示出来，但不能对其进行操作。冻结不会占用系统资源，提升了显示速度，一般在大场景的制作中都把不需要操作的对象冻结，只保留正在操作的对象，能加快视图上流畅的编辑操作，如图1-122所示。

Freeze Selected（冻结选择）：将当前视图中已选择的对象进行冻结。

Freeze UnSelected（冻结未选择）：将当前视图中未选择的对象进行冻结。

Freeze by Name（按名称冻结）：弹出名称选择框，按名称选择将被冻结的对象。

Freeze by Hit（按单击冻结）：当此按钮处于按下状态时，被单击的对象将会被冻结。

UnFreeze All（全部解冻）：将所有被冻结的对象解除冻结。

UnFreeze by Name（按名称解冻）：弹出名称选择框，左侧列表框中显示当前视图中存在的冻结对象，允许自由选择要解除冻结的对象名称。

UnFreeze by Hit（按单击解冻）：当此按钮处于按下状态时，被单击的对象将会被解除冻结。

Display Properties（显示属性）：分为方盒显示、背面去除、只显示边、十字顶点、轨迹、透视、最大化忽视、灰色显示冻结、顶点颜色，如图1-123所示。

图1-122 Freeze（冻结）　　图1-123 Display Properties（显示属性）

1.7.4 ⟁ 程序命令面板

程序命令面板用于连接外部功能和一些内部特殊功能。

Polygon Count（多边形计算）：计算出视图内对象的面数，在动画设计中经常用来察看面数，如图1-124所示。

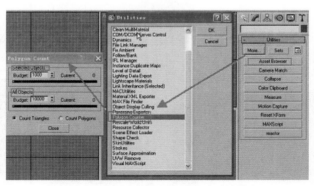

图1-124 Polygon Count（多边形计算）

Asset Browser（资源浏览器）：可以很方便地查看并调用图片和模型，如图1-125所示。

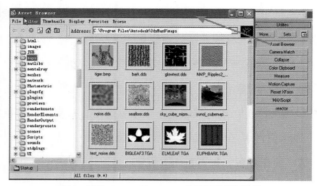

图1-125 Asset Browser（资源浏览器）

1.8 实例制作

1.8.1 ▶ Sweep Modifier（扫描修改器）

Sweep Modifier（扫描修改器）可利用一条二维曲线图形，制作出类似Loft（放样）工具制作的模型效果，使用起来既方便又快捷，并且提供了更广泛的修改类型，同时也可根据用户自己的需要创建自定义的截面扩展模型。Sweep Modifier（扫描修改器）多数应用在建筑物设计中。下面通过一些简单的操作步骤介绍一下该功能的使用。

步骤1 在Create（创建）面板中选择 　（样条线），然后在Top（顶）视图中创建一条样条线，如图1-126所示。

步骤2 单击 　（修改）面板，在 `Modifier List ▼`（修改列表）中，添加Sweep（扫描）修改器，如图1-127所示。

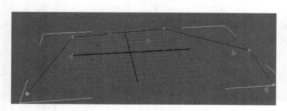

图1-126 创建样条线

图1-127 添加Sweep（扫描）修改器

步骤3 在Section Type（截面类型）里面选择Angle（角度），如图1-128所示。

步骤4 用户可以自由选择不同的倒角类型，效果如图1-129所示。

图1-128 设置类型为Angle

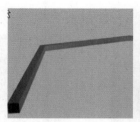

（a）Bar类型　　　　（b）Channel类型　　（c）Cylinder类型

图1-129 各类倒角类型的效果

步骤5 如果用户希望创造自定义的截面，可以用 Line （线）工具在Front（前）视图中创建一个闭合的曲面，如图1-130所示。

步骤6 选择Use Custom Section（使用自定义截面）选项，单击Pick（拾取）按钮，拾取图1-130中的封闭曲线，如图1-131所示。

步骤7 拾取曲线后，生成的模型效果如图1-132所示。

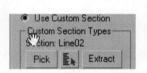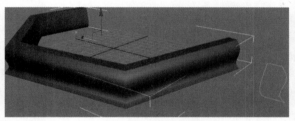

图1-130 封闭曲面　　图1-131 拾取路径曲线截面　　　　　图1-132 生成的扫描模型

步骤8 如果用户需要改变对象形状，可选择"闭合曲面"，在修改面板中选择Line（线）中的Vertex（顶点）模式，直接改变线段的形状，同时视图中对象的形状将会随之变化。

1.8.2 ▶ Batch Render Tool（批量渲染工具）　▼

Batch Render Tool（批量渲染工具）可以进行多个摄影机的批量渲染，以往的渲染方式只能针对单个摄影机进行渲染，而现在这种渲染方式大大提高了工作效率，可以同时建立多个摄影机，并且同时渲染图片或动画，也可以渲染不同的图片格式。

步骤1 选择File（文件）下面的Reset（重置）命令，新建一个文件，在创建面板中创建一个球体，并在创建面板中创建两盏Omni（泛光灯）。调节泛光灯的参数，将Omni01的灯光颜色改为蓝色；将Omni02的灯光颜色改为黄色，如图1-133所示。

步骤2 在创建面板中创建两个 Cameras（摄影机）：Camera01和Camera02。

步骤3 按住Ctrl键的同时单击鼠标左键选择Omni01、Camera01、球体和长方体，然后单击鼠标右键弹出快捷菜单，选择Save Scene State（保存场景状态）命令进行保存，如图1-134所示。

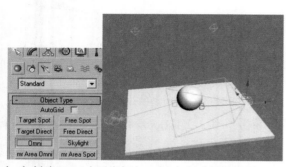

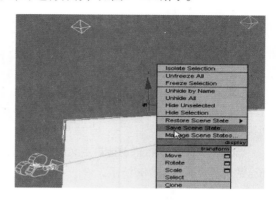

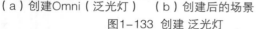

（a）创建Omni（泛光灯）　　（b）创建后的场景

图1-133 创建 泛光灯　　　　　　　　　　　　　　图1-134 保存当前场景

步骤4 出现对话框后，在里面输入1，并选择所有参数，单击Save（保存）按钮进行保存，如图1-135所示。

步骤5 使用同样的方法选择Omni02、Camera02、球体和长方体，然后单击鼠标右键弹出快捷菜单，选择Save Scene State（保存场景状态）命令进行保存，设置如图1-136所示。

步骤6 在软件中执行Rendering>Batch Render（渲染>批量渲染）菜单命令，如图1-137所示。

图1-135 设置保存场景1　　图1-136 设置保存场景2　　　图1-137 批量渲染命令

步骤7 在出现的对话框中单击Add（添加）按钮，View01的名字将出现在列表中，如图1-138所示。

步骤8 在Camera（摄影机）下拉选项中选择Camera01，并且设置Scene State（场景状态）选项为1，如图1-139所示。

步骤9 再次单击Add（添加）按钮，添加View02，然后在Camera栏中修改为Camera02，设置Scene State 选项为2。

步骤10 选择Omni02（泛光灯），按下鼠标右键弹出快捷菜单，取消勾选Light On关闭灯光，如图1-140所示。

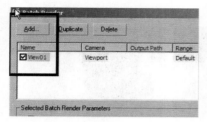

图1-138 批量渲染（1）

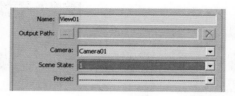

图1-139 批量渲染（2）

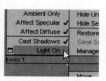

图1-140快捷菜单

步骤11 再次选择Omni01、Camera01、球体和长方体，然后单击鼠标右键弹出快捷菜单，选择Save Scene State（保存场景状态）命令进行保存，当出现对话框后单击"确定"按钮，将其覆盖，如图1-141所示。

保存场景

覆盖场景

图1-141 保存并覆盖场景

步骤12 选择Omni02、Camera02、球体和长方体，然后单击鼠标右键弹出快捷菜单，选择Save Scene（保存场景）命令进行保存，出现对话框后，在下拉列表中选择2，单击"确定"按钮将其覆盖。在文件菜单中找到Rendering（渲染），选择Batch Render（批量渲染）命令，在出现的对话框中设置输出路径，进行渲染，如图1-142所示。

注意：输出时要将View01、View02的路径分别输出，并且要选择相应的图像格式。最后输出图像，如图1-143所示。

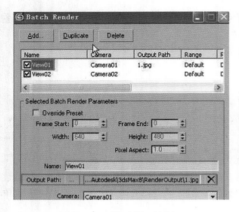

图1-142 批渲染对话框

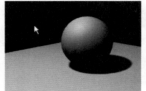 

Camera01渲染的图像   Camera02渲染的图像

图1-143 渲染效果对比

1.8.3 Mixing Animation（运动混合器）

Mixing Animation（运动混合器）可以将角色动画中的多个Bin库进行合并，并且可以创造柔和的动作变化效果，同时可以像后期剪辑软件一样对一段动画进行剪辑，具有很强的实用性，如图1-144所示。

图1-144 Mixing Animation（运动混合器）

1.8.4 Hair And Fur（毛发）修改器

在3ds Max中，毛发的制作历来是个难点，不仅要考虑毛发制作的效果，还要考虑渲染器的质量和计算机硬件的速度。一直以来，采用两种方法来制作毛发，一种方法是使用面片贴图的方法制作毛发，这样制作的优点是渲染速度快，适合制作较长时间的动画作品，缺点是视觉效果不够真实，毛发动力学效果不够好；另一种方法是使用插件制作毛发，这样制作毛发的优点在于视觉效果逼真，动力学效果好，但是渲染速度慢。现在新版本的3ds Max中加入了Hair and Fur毛发修改技术，使3ds Max的功能非常强大，而且支持实时动力学，用户可以利用这项技术制作出仿真毛发效果，但笔者建议配合Shag hair制作复杂毛发，使用Hair and Fur制作简单毛发效果，如草地等。下面通过一些简单的操作步骤介绍一下该功能的使用。

步骤1 创建Plane（平面），设置Length Segs（长度分段）值为4，Width Segs（宽度分段）值为4，如图1-145所示。

步骤2 单击鼠标右键选择Plane（平面），将其转化为Editable Poly（可编辑多边形），如图1-146所示。

步骤3 在 ![]（修改）面板中添加Hair and Fur(wsm)命令，然后单击Face（面）子对象级别，如图1-147所示。

步骤4 对面进行选择，单击Update Selection（更新选择）命令后，毛发就会生长在选择的面上，如图1-148所示。

 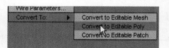  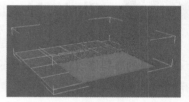

图1-145 修改长宽分段　图1-146 转换为多边形　图1-147 单击Face（面）　图1-148 毛发生长的面

步骤5 单击 ![] 按钮对当前视图进行渲染，如图1-149所示。

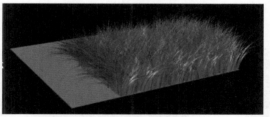

图1-149 渲染出来的毛发效果

步骤6 展开Tools（工具）面板，选择Style Hair（毛发样式）对毛发进行修改，按下B键的同时拖动鼠标左键，可放大或缩小笔头大小，然后直接在毛发上进行修改，如图1-150所示。

步骤7 在Dynamics（动力学）中选择Live（实时）选项，选择移动工具后可以发现，毛发跟随平面一起移动起来了，同时下面还可以施加风力等动力学属性，如图1-151所示。

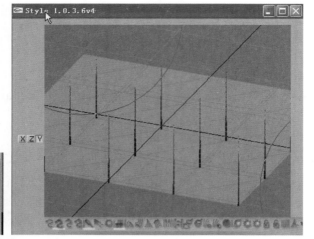

（a）Style Hair（毛发样式）　　　（b）修改对话框

图1-150 修改毛发样式

图1-151 Live（实时）动力学

1.8.5 ▸ Cloth Modifier（布料修改器）

布料的制作在3ds Max中也是较为重要而且关键的，以往的服装布料制作同样要依靠插件来完成，现在新增的布料修改功能已被集成到3ds Max中，大大增强了角色服装的设计功能，而且布料修改器利用动力学原理，使服装在动画时更加逼真，下面通过一个旗子的例子简单介绍一下该功能的使用。这种模仿真实旗子飘动的效果在游戏动画中经常使用到。

步骤1 在Front（前）视图中创建Rectangle（矩形），如图1-152所示。

步骤2 单击 ✏ （修改）按钮，在 Modifier List ⌄ （修改列表）中选择Garment Maker，如图1-153所示。

图1-152 创建矩形　　　图1-153 添加Garment Maker修改命令

步骤3 再次打开修改菜单，添加Cloth（布料）修改器，并且在Object（对象）卷展栏中选择Object Properties（对象属性），如图1-154所示。

步骤4 在创建面板中创建一个Box（长方体）作为旗杆Box01，如图1-155所示。

步骤5 在修改面板里选择Rectangle（矩形）曲线，单击Cloth（布料）命令，然后选择Object

Properties（对象属性），在弹出的对话框（见图1-156）中选择Add Object（添加对象）命令将
Rectangle01导入进来，并设置它的属性为Cloth（布料）属性。

  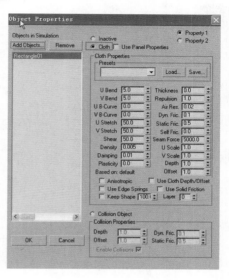

图1-154 Cloth（布料）修改命令　图1-155 创建Box（长方体）　图1-156 Object Properties（对象属性）对话框

步骤6 再次选择Add Objects（添加对象），在出现的对话框中选择Box01旗杆，单击Add（添加）
按钮将旗杆导入，如图1-157所示。

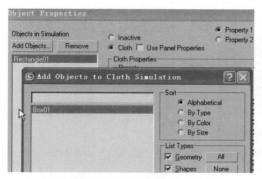

图1-157 解算布料对象的添加列表

步骤7 在Object Properties（对象属性）对话框中将Box01设置为Collision Object（碰撞对象），单
击OK按钮，如图1-158所示。

步骤8 选择Rectangle01，在修改面板中展开Cloth（布料）下拉菜单，选择Group（组），如
图1-159所示。

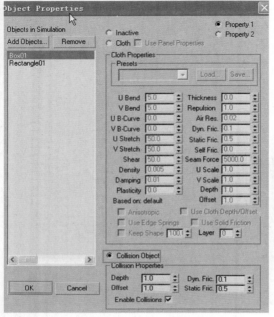

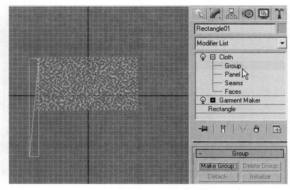

图1-158 Object Properties（对象属性）对话框   图1-159 选择Group（群组）

步骤9 使用鼠标左键框选靠近旗杆部分的点，如图1-160所示。

步骤10 选择Make Group（群组），单击OK按钮确定，如图1-161所示。

步骤11 单击Group（群组）下面的Sim Node绑定节点到Box01，如图1-162所示。

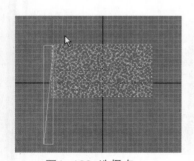

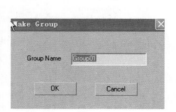

图1-160 选择点   图1-161 设置群组名称   图1-162 Sim Node绑定

步骤12 返回修改面板的Cloth（布料）层级，单击Simulate Local（模拟本地），会按照旗子的自身材质属性，进行布料动力学模拟，如图1-163所示。

步骤13 选择创建面板，在Space Warps（空间扭曲）面板的Force（力）面板中选择Wind（风），如图1-164所示。

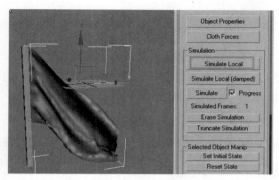

图1-163 布料动力学模拟

图1-164 Space Warps（空间扭曲）面板

步骤14 在修改面板中设置风力大小，如图1-165所示。

步骤15 选择Rectangle01布料，单击 Cloth Forces （Cloth力）按钮，出现对话框后将Wind01添加到右边Forces in Simulation（模拟中的力）里，然后单击OK按钮确认，如图1-166所示。

图1-165 设置Wind（风）参数

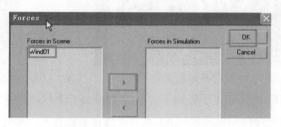

图1-166 Cloth Forces设置

步骤16 单击Simulate（模拟）按钮进行动态解算，形成旗飘动画效果，如图1-167所示。

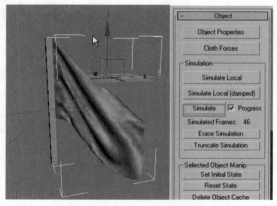

图1-167 Simulate（解算）旗飘动画

1.8.6 > **Pelt Mapping（展平贴图）**

Pelt Mapping（展平贴图）同样也是一个新增并且非常实用的功能，这种技术可以将比较复杂的模型贴图进行展平，然后使用绘图软件绘画材质，同时配合坐标进行贴图，此种贴图方法使得比较烦琐的模型展平工作变得非常简单。下面通过一个手的例子简单介绍一下该功能的使用。

步骤1 首先在File（文件）菜单中打开一个比较复杂的模型，如图1-168所示。

步骤2 选择修改面板，在修改列表中添加Unwrap UVW（展开UVW）命令，如图1-169所示。

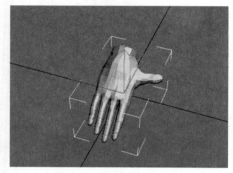

图1-168 打开场景文件　　　　　　　　图1-169 添加Unwrap UVW（展开UVW）命令

步骤3 在Face（面）子级别下，单击Point to Point Seam（点对点缝合）按钮，如图1-170所示。

步骤4 在Point to Point Seam（点对点缝合）状态下，单击鼠标左键开始从手的一侧连接到手的另一侧，也就是围绕手的四周选择了一圈完整的线段，蓝色线段代表选择后的线段，绿色线段代表接缝的线段，如图1-171所示。

图1-170 Point to Point Seam　　　　　　　　图1-171 手的上下表面

步骤5 将Point to Point Seam（点对点缝合）关闭，在Face（面）状态下，选择手上的任意一个面，如图1-172所示。

步骤6 单击Exp Face Set To Pelt Seams（导出面设置到展平接缝）按钮，选择整个手的上表面，如图1-173所示。

步骤7 在修改面板中依次选择Planar（平面），选择坐标Align Y（对齐Y轴），然后选择Pelt（展平）选项，如图1-174所示。

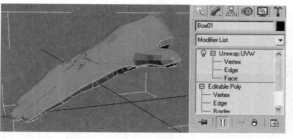

图1-172 选择Face（面）　　　　图1-173 Exp Face Set To Pelt Seams　　　　图1-174 Pelt

步骤8 选择 ，将Planar（平面）旋转到合适位置，然后选择Fit（适配），如图1-175所示。

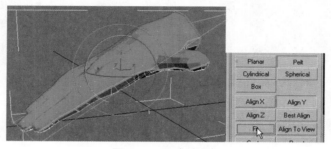

图1-175 Fit（适配）

步骤9 单击Edit Pelt Map（编辑展平贴图）按钮，同时会出现两个对话框，如图1-176所示。

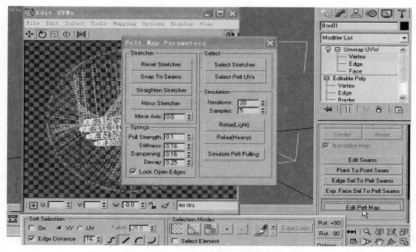

图1-176 Pelt Map Parmeters（展平贴图参数）

步骤10 单击选择Simulate Pelt Pulling（模拟展平拉伸），将手部的网格全部展平，如图1-177所示。

步骤11 关闭Pelt（展平），选择 自由模式，然后将展平后的模型缩放入蓝色方框内，如图1-178所示。

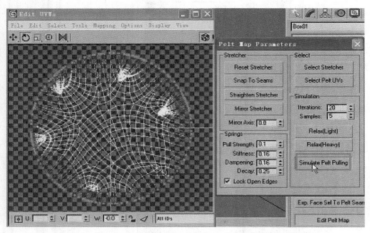

图1-177 Pelt Map Parmeters（展平贴图参数）　　　　　图1-178 缩放展平后的网格对象

1.8.7 ▶ 加强骨骼系统

选择 （系统），在透视图中创建一个Biped，在下面的参数中找到Neck Links（颈部链接）和Tail Links（尾巴链接），修改参数为25，会发现Biped身体变形了，如图1-179所示。

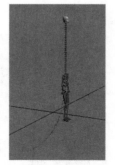

（a）创建Biped　　　（b）颈部和尾巴的参数设置　　　（c）Biped

图1-179 骨骼系统

1.8.8 ▶ 增加骨骼扭曲选项

可以设置手臂的Twist Poses（扭曲姿势）。该功能是在手臂内建立一个长方体，而这个长方体是可以增加段数的，可以表现手腕带动上臂的扭转效果，如图1-180所示。

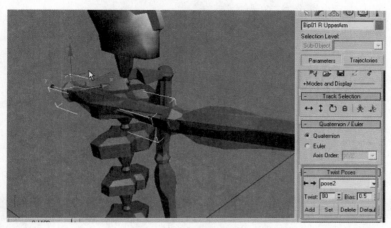

图1-180 设置手臂扭曲

1.9 三维动画模型的分类与制作流程

1.9.1 建模的分类

　　计算机显示图形时是以三角面的坐标来处理图形数据的，三角面越多，模型越平滑，模型文件也就越大，对计算机的处理能力要求就越高，而在计算机的硬件方面主要是通过图形显示卡处理图形和计算光线效果，那么就要求显示卡要有强大的三维图形处理能力，同时需要有足够的显示内存，而且也需要CPU（中央处理器）有着较好的渲染速度。

　　在三维动画中建模主要分为两类，一类是以三维游戏中互动操作为主的低面数模型，还有一类是在动画中的多面数模型。它们主要的区别为，低面数模型主要以互动操作为主，也用于动画战斗场面的制作，而多面数模型面数比较多，形体比较平滑，多用在动画特写镜头里面。

1.9.2 低面数模型

　　低面数模型也称为低多边形（Low Polygon Model，LPM），下面简称LPM模型。LPM模型主要体现在三维建模中，LPM模型是在制作时以较少的面数来构造模型的方法，其原则是划分面数以精简面为主，如图1-181所示。

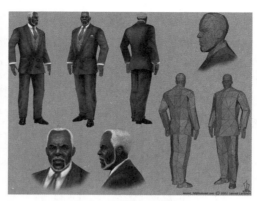

（a）写实的低面数模型

（b）低面数场景模型与人物模型

图1-181 低面数模型

1.9.3 　多面数模型

　　多面数模型也称高多边形模型（High Polygon Model，HPM），以下简称HPM模型。由于面数多，模型的边角会很平滑，而且材质的指定方式与LPM模型不同，这样的模型多数用在动画的特写镜头中来展示某些细节，如图1-182所示。

图1-182 多面数模型

HPM模型可以用在三维动画片、动画片头或游戏的过场动画和宣传片中，如图1-183所示。

（a）学生动画作品《地雷战》

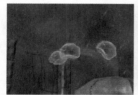

（b）学生动画作品《幽灵复活》

（c）《魔兽》的游戏过场动画

图1-183 HDM模型

1.10 三维设计制作流程

1.10.1 ▶ 场景制作流程　　　　　　　　　　　　　　　　▼

　　首先，原画设计师要根据动画剧情的策划进行概念设计，设计出原画的概念设计稿，然后绘制出各个角度的剖面图，再由三维设计师进行三维建模，按照规定对模型的面数进行精简，再由材质设计师进行贴图的绘画和为模型添加材质，最后由程序员进行接口程序的导出，如图1-184所示。

1.10.2 ▶ 人物制作流程　　　　　　　　　　　　　　　　▼

　　基本制作流程与场景制作流程相同。

　　01 原画造型设计，如图1-185所示。

（a）场景原画绘制稿   （b）三维效果模型   （a）人物原画绘制稿（b）人物原画绘制分解稿

图1-184 场景制作   图1-185 人物制作

02 模型的建立和材质贴图绘制，如图1-186所示。

03 贴图的指定和最终效果，如图1-187所示。

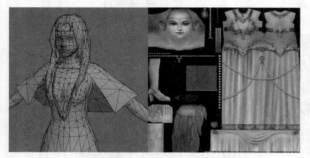 

创建角色三维模型   为三维模型绘制贴图   贴图的指定   最终模型效果

图1-186 模型与材质   图1-187 贴图与效果

1.10.3 ▶ 动作制作流程

01 骨骼的制作与动作的设置，如图1-188所示。

02 皮肤的绑定，如图1-189所示。

图1-188 设置骨骼动作   图1-189 将皮肤绑定到骨骼上

本章总结与思考练习

本章详细地介绍了软件的常用功能和操作工具的使用方法，并且讲解了视图操作面板、创建面板、修改面板、辅助面板的基本使用方法。在使用软件前要熟练地掌握这些命令，这样在以后的制作中就能很容易地运用这些命令创造动画了。此外还介绍了动画模型的制作分类及动画模型的不同用途，讲解了动画的制作流程等。这些方法是在学习动画时必须清楚了解的概念，对游戏和动画的用途及制作工艺都要熟练地掌握，以便在以后的实际工作中能够为不同的设计需要制作模型或动画。

简答题：

1. 缩放视图的快捷键是什么？
2. 列举出最大化的几种类型。
3. 创建面板中包含的创建类型是哪几个？
4. 图形面板中包含的创建类型是哪几个？
5. 灯光创建面板中包含有哪几盏灯光？
6. 怎样添加对象修改命令？
7. 列举出3种以上的修改工具及其功能。
8. 显示和程序命令面板中的命令作用是什么？
9. 解释低面数模型的概念。
10. 低面数模型的用途是什么？
11. 什么叫做"公告板"？
12. 说出2D游戏、2.5D游戏、3D游戏的区别。
13. 什么是多面数模型？
14. 多面数模型用途是什么？
15. 游戏制作流程是什么？
16. 游戏人物制作流程是什么？

操作题：

1. 利用Sweep Modifier（扫描修改器）新增命令创建自定义的截面扩展模型。

（制作提示：步骤1 创建二维线段和自定义的截面线段；步骤2 在修改面板中选择Sweep Modifier（扫描修改器）；步骤3 选择修改面板中的Use Custom Section（自定义）选项，单击Pick按钮拾取截面）

2. 使用Extrude（挤出）修改命令将绘制的二维线段图形挤出成对象。

（制作提示：步骤1 创建二维线段；步骤2 在修改面板中选择Extrude（挤出）；步骤3 调节挤出数值）

3. 使用Mesh Smooth（网格平滑）修改命令将对Box（长方体）模型添加平滑效果。

（制作提示：步骤1 创建Box（长方体）；步骤2 在修改面板中选择Mesh Smooth（网格平滑）命令；步骤3 调节平滑级别）

2.1 标准几何体建模

标准几何体建模是三维建模的基础，无论多复杂的模型，都可以将它分解为多个标准几何体模型进行创建。同样，用最简单的几何体也能建立出精细复杂的模型。下面具体讲解如何建立标准几何体模型。

2.1.1 ▶ Box（长方体）

Box（长方体）用于创建6面长方体，是用途最广泛的一种模型，如图2-1所示。

创建方法：

01 单击Box（长方体）工具，在视图中按住并拖动鼠标拉出底面。

02 移动鼠标，确定对象的高度。

03 单击鼠标完成对象的建立，在参数栏中按需修改参数，如图2-2所示。

参数：

Cube（正方体）：创建类型为标准正方体模型。

Box（长方体）：可建立任意形状的长方体。

Keyboard Entery（键盘输入）：使用键盘输入坐标轴X，Y，Z和长、宽、高数值建立长方体。

Seg（分段）：设置对象的分段数，段数影响着对象的精度，分段数越多，面数也就越多，精度也越高。

Length\Width\Heigh（长\宽\高）：输入数值可以创建自定义尺寸的长方体。

设定单位：如果模型用于建筑或游戏，最好将单位设置为真实世界计量单位，执行Customize>Units Setup> Metric（自定义>单位设置>米）菜单命令可选择厘米等单位，设置如图2-3所示。

图2-1 Box（长方体）

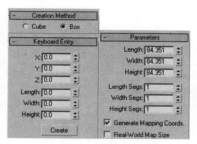
图2-2 Box（长方体）参数

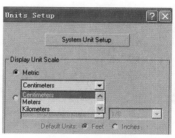
图2-3 Units Setup（单位设置）

2.1.2 ▶ Cone（圆锥体）

Cone（圆锥体）如图2-4所示。

创建方法：

01 单击Cone（圆锥体）工具按钮，在视图中按住并拖动鼠标拉出底面。

02 移动鼠标，确定对象的高度。

03 单击鼠标完成对象的建立，在参数栏中按需修改参数，如图2-5所示。

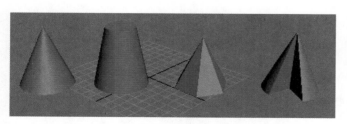
图2-4 圆锥体

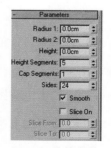
图2-5 锥体参数

参数:

Radius1\ Radius2(半径):设置对象上下两端的半径,当值为0时顶端为锥角,大于0时为平角。

Height(高度):设定对象的高度。

Height Segments(高度分段):设置对象高度方向的分段数。

Cap Segments(端面分段):设置对象两端平面由中心向外辐射的段数。

Sides(边数):设置对象圆周上的段数,段数越多,对象越平滑。

Smooth(平滑):设置表面为平滑状态。

Slice On(启用切片):设置是否开启切片设置。

Slice From / To(切片从/到):设置切片局部的开始和终止的角度。

2.1.3 Sphere(球体)

Sphere(球体)如图2-6所示。

创建方法:

01 单击Sphere(球体)工具按钮,在视图中按住并拖动鼠标拉出底面。

02 移动鼠标,确定对象的高度。

03 单击鼠标完成对象的建立,在参数栏中按需修改参数,如图2-7所示。

参数:

Radius(半径):设置对象的半径。

Segments(分段):置对象的分段数,段数影响着对象的精度,分段数越多,面数也就越多,精度也越高。

Smooth(平滑):对球体进行平滑处理。

Hemisphere(半球):值可由0~1进行调节,控制半球的高度。

Chop/Squash(切除/挤压):设置半球的网格划分类型。球体的切除和挤压如图2-8所示,左对象为Chop(切除),右对象为Squash(挤压)。

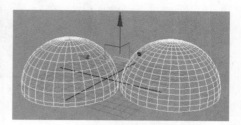

图2-6 球体　　　　　　　　图2-7 球体参数　　　　　图2-8 球体的切除和挤压

Slice On（启用切片）：设置是否开启切片设置，可在设置中调节球体局部切片的大小。

Slice From / To（切片从/到）：设置切片的开始和终止的角度。

Base To Pivot（轴心在底部）：设置球体的中心点位置，在打开状态时为球体的底部，在关闭状态时为球体的中心。

2.1.4 ▶ GeoSphere（几何球体）

以三角面构成球体，与球体没有太大的区别，几何球体如图2-9所示。

创建方法:

01 单击GeoSphere（几何球体）工具按钮，在视图中按住并拖动鼠标拉出底面。

02 移动鼠标，确定对象的高度。

03 单击鼠标完成对象的建立，在参数栏中修改参数，如图2-10所示。

参数:

Radius（半径）：设置对象的半径。

Segments（分段）：设置对象的分段数，分段数影响着对象的精度，分段数越多，面数也就越多，精度也越高。

Smooth（平滑）：是否对球体进行平滑处理。

Hemisphere（半球）：值可由0~1进行调节，控制半球的高度。

Geodesic Base Type（基点面类型）：分为不同规则的多面体组合，有Tetra（四面体）、Octa（八面体）和Icosa（二十面体）。

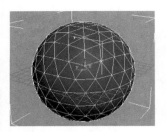

图2-9 几何球体   图2-10 几何球体参数

2.1.5 Cylinder（圆柱体）

Cylinder（圆柱体）如图2-11所示。

创建方法：

01 单击Cylinder（圆柱体）工具按钮，在视图中按住并拖动鼠标拉出底面。

02 移动鼠标，确定对象的高度。

03 单击鼠标完成对象的建立，在参数栏中修改参数，如图2-12所示。

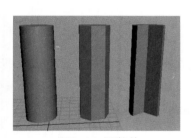

图2-11 圆柱体   图2-12 柱体参数

参数：

Radius（半径）：设置对象的半径。

Height（高度）：设定对象的高度。

Height Segments（高度分段）：设置对象高度上的分段数。

Cap Segments（顶端分段）：设置对象两端平面由中心向外辐射的段数。

Sides（边数）：设置对象圆周上的段数，段数越多，对象越平滑。

Smooth（平滑）：设置表面为平滑状态。

Slice From / To（切片从/到）：设置切片局部的开始和终止的角度。

2.1.6 ▶ Tube（圆管）

Tube（圆管）如图2-13所示。

创建方法：

01 单击Tube（圆管）工具按钮，在视图中按住并拖动鼠标拉出底面。

02 移动鼠标，确定对象的高度。

03 单击鼠标完成对象的建立，在参数栏中修改参数，如图2-14所示。

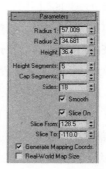

图2-13 圆管   图2-14 圆管参数

参数：

Radius1\ Radius2（半径）：设置底面圆环的内/外半径大小。

Height（高度）：设定对象的高度。

Height Segments（高度分段）：设置对象高度方向的分段数。

Cap Segments（端面分段）：设置对象两端平面由中心向外辐射的段数。

Sides（边数）：设置对象圆周上的段数，段数越多，物体越平滑。

Smooth（平滑）：设置表面为平滑状态。

Slice From / To（切片从/到）：设置切片局部的开始和终止的角度。

2.1.7 ▶ Tours（圆环）

Torus（圆环）如图2-15所示。

创建方法：

01 单击Torus（圆环）工具按钮，在视图中按住并拖动鼠标拉出内径和外径。

02 单击鼠标完成对象的建立，在参数栏中修改参数，如图2-16所示。

图2-15 圆环

图2-16 圆环参数

参数:

Radius1\ Radius2(半径):设置底面圆环的内/外半径大小。

Height(高度):设定对象的高度。

Height Segments(高度分段):设置对象高度方向的分段数。

Cap Segments(端面分段):设置对象两端平面由中心向外辐射的段数。

Sides(边数):设置对象圆周上的段数,段数越多,物体越平滑。

Smooth(平滑):设置表面为平滑状态。

All(全部):对整个表面进行平滑处理。

Side(边):平滑相邻面的边界。

None(无):不进行平滑处理。

Segments(分段):平滑每一个独立分段。

Slice From / To(切片从/到):设置切片局部的开始和终止的角度。

2.1.8 ▶ Pyramid(四棱锥)

Pyramid(四棱锥)如图2-17所示。

创建方法:

01 单击Pyramid(四棱锥)工具按钮,在视图中按住并拖动鼠标拉出底面。

02 移动鼠标,确定对象的高度。

03 单击鼠标完成对象的建立,在参数栏中修改参数如图2-18所示。

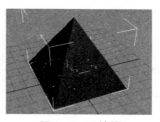

图2-17 四棱锥

图2-18 四棱锥参数

参数：

Width（宽度）：设置对象的宽度。

Depth（深度）：设置对象的深度。

Height（高度）：设置对象的高度。

Width Segs（宽度分段）：设置对象的宽度分段。

Depth Segs（深度分段）：设置对象的深度分段。

Height Segs（高度分段）：设置对象的高度分段。

2.1.9 ▸ Teapot（茶壶）

Teapot（茶壶）如图2-19所示。

创建方法：

01 单击Teapot（茶壶）工具按钮，在视图中按住并拖动鼠标拉出物体。

02 单击鼠标完成对象的建立，在参数栏中修改参数，如图2-20所示。

图2-19 茶壶

图2-20 茶壶参数

参数：

Radius（半径）：设置对象的半径。

Segments（分段）：设置对象的分段数。

Smooth（平滑）：设置表面为平滑状态。

Teapot Parts（茶壶零件）：Body（壶体）、Handle（壶把）、Spout（壶嘴）、Lid（壶盖）。当复选框勾选时打开显示，取消时关闭显示。

2.1.10 ▸ Plane（平面）

Plane（平面）如图2-21所示。

创建方法：

01 单击Plane（平面）工具按钮，在视图中按住并拖动鼠标拉出物体。

02 单击鼠标完成对象的建立，在参数栏中修改参数，如图2-22所示。

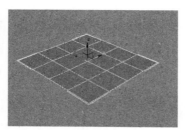

图2-21 Plane（平面）

图2-22 平面参数

参数：

Width（宽度）：设置对象的宽度。

Height（高度）：设置对象的高度。

Width Segs（宽度分段）：设置对象的宽度分段。

Height Segs（高度分段）：设置对象的高度分段。

Scale（缩放）：设置渲染时平面面积倍增的值。

Density（密度）：设置渲染时平面长宽方向上分段的倍增值。

2.2 扩展几何体建模

在创建的标准几何体上新增加的几何形体为扩展几何体，这些几何体对建模工作有很大的帮助。

2.2.1 Hedra（异面体）

Hedra（异面体）如图2-23所示。

异面体可以制作出像钻石、链子球等特殊的造型，根据不同的参数组合可以调节出不同的形状。

Hedra（异面体）参数参数如图2-24所示。

Family（系列）：分为Tetra（四面体）、Cube/Octa（长方体/八面体）、Dodec/Icos（十二面体/二十面体）和Star（星形）。

Family Parameters（系列参数）：

P\Q：对异面体顶点和面进行双向转换的两个关联参数。

Axis Scaling（轴向比率）：P\Q\R三个调节器可以调整对象的形状。

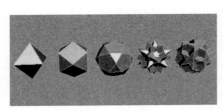

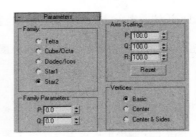

图2-23 异面体　　　　　　　　　图2-24 异面体参数

2.2.2 ▶ Torus Knot（环形节） ▼

Torus Knot（环形节）如图2-25所示。

这是扩展几何体中最复杂的一个，可控制的参数众多，用户可通过环形节作一些比较复杂的绳的节点或特殊的管型。

Torus Knot（环形节）参数如图2-26所示。

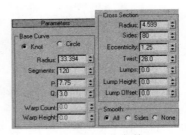

图2-25 环形节　　　　　　　　图2-26 环形节参数

Base Curve（基本曲线）：包含Knot（节点）和Circle（圆）两种模式。

Radius（半径）：控制曲线半径的大小。

Segments（分段）：曲线路径上分段的数目。

P\Q：控制缠绕的圈数。

Warp Count/Warp Height（扭曲数/扭曲高度）：控制曲线上产生的弯曲数目和弯曲高度。

Cross Section（截面参数）：通过设置截面图形的参数，从而产生形态各异的造型。

Radius（半径）：设置截面图形的半径大小。

Sides（边）：设置截面的边数。

Eccentricity（偏心率）：设置截面压扁的程度。

Twist（扭曲）：设置截面沿路径扭曲的程度。

Lumps（块）：在路径上生成隆起效果。

Lumps Height（块高度）：设置隆起高度。

Lumps Offset（块偏移）：设置在路径上隆起的位置。

2.2.3 ▶ ChamferBox（切角长方体）

ChamferBox（切角长方体）如图2-27所示，用于设置带有倒角效果的长方体，可制作桌子、挡板或建筑物的底座等。

ChamferBox（切角长方体）参数如图2-28所示。

图2-27 切角长方体　　　　图2-28 切角长方体参数

Length\Width\Height（长、宽、高）：输入数值可以创建自定义尺寸的长方体。

Fillet（圆角）：设置倒角的大小。

Fillet Segs（圆角分段）：为倒角划分段数，可以使倒角更平滑。

Smooth（平滑）：设置是否进行平滑处理。

2.2.4 ▶ ChamferCyl（切角圆柱体）

ChamferCyl（切角圆柱体）如图2-29所示，用于创建带切角的圆柱体，可以调节出多种类型的倒角柱体，常用于制作连接用的钢管模型。

ChamferCyl（切角圆柱体）参数如图2-30所示。

图2-29 切角柱体　　　　　　　图2-30 切角圆柱体参数

Radius（半径）：设置截面图形的半径大小。

Height（高度）：设置对象的高度。

Fillet（圆角）：设置倒角的大小。

Fillet Segs（圆角分段）：为倒角划分段数，可以使倒角更平滑。

Smooth（平滑）：设置是否进行平滑处理。

2.2.5 ▶ Oil Tank（油罐）

Oil Tank（油罐）如图2-31所示，用于制作油桶的模型，可以制作油罐车或者飞行器上的驱动液压油罐等。

Oil Tank（油罐）参数如图2-32所示。

图2-31 油桶　　　　　　　图2-32 油桶参数

Radius（半径）：设置油桶的半径大小。

Height（高度）：设置对象的高度。

Cap Height（封口高度）：设置凸面顶盖的高度。

Overall（总体）：测量油桶的全部高度。

Centers（中心）：只测量主体高度，不计算顶盖的高度。

Blend（混合）：设置边缘倒角，圆滑顶盖的主体边缘。

Sides（边数）：设置圆周上的分段数。

Height Segs（高度分段）：设置高度上的分段数。

Smooth（平滑）：使物体平滑。

Slice On（切片）：开启或关闭切片。

Slice From / To（切片从/到）：设置切片局部的开始和终止的角度。

2.2.6   Capsule（胶囊）

Capsule（胶囊）如图2-33所示。

通常可用此模型制作药品广告中的胶囊，也可以用胶囊模拟子弹的效果。Capsule（胶囊）参数如图2-34所示。

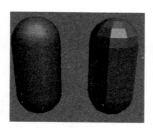

图2-33 胶囊   图2-34 胶囊参数

Radius（半径）：设置胶囊的半径大小。

Height（高度）：设置胶囊的高度。

Overall（总体）：测量胶囊整体的高度。

Centers（中心）：只测量主体高度，不计算两端半球体的高度。

Sides（边数）：设置胶囊圆周上的分段数。

Height Segs（高度分段）：设置胶囊高度上的分段数。

Smooth（平滑）：设置对象平滑。

Slice On（切片）：开启或关闭切片。

Slice From / To（切片从/到）：设置切片局部的开始和终止的角度。

2.2.7 ▶ Spindle（纺锤体）

Spindle（纺锤体）如图2-35所示，纺锤体尖角的长度是可以调整的，所以可制作出类似标记的物体，也可以制作一些纺织工业的零件等。

Spindle（纺锤体）参数如图2-36所示。

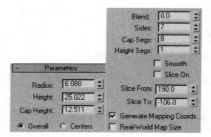

图2-35 纺锤体　　　　　　图2-36 纺锤体参数

Radius（半径）：设置纺锤体的半径大小。

Height（高度）：设置纺锤体的高度。

Cap Height（封口高度）：设置两面锥体的高度。

Overall（全部）：测量纺锤体的整体高度。

Centers（中心）：只测量主体高度，不计算两面锥体的高度。

Sides（边数）：设置纺锤体圆周上的分段数。

Height Segs（高度分段）：设置纺锤体高度上的分段数。

Smooth（平滑）：设置对象平滑。

Slice On（切片）：开启或关闭切片。

Slice From / To（切片从/到）：设置切片局部的开始和终止的角度。

2.2.8 ▶ L-Ext（L形墙）

L-Ext（L形墙）如图2-37所示，常用于制作类似字母"L"形状的物体，常用在效果图的设计中，制作隔断或者展厅的一角。

L-Ext（L形墙）参数如图2-38所示。

图2-37 L形墙   图2-38 L形墙参数

Side/Front Length（侧/前长度）：设置底面侧边和前边的长度。

Side/Front Width（侧/前宽度）：设置底面侧边和前边的宽度。

Height（高度）：设置对象的高度。

Segs（分段）：设置各边上的分段划分。

2.2.9 ▶ Gengon（球棱柱）　　　　　　　　　　　　　　　▼

Gengon（球棱柱）如图2-39所示，球棱柱是可以调整边数的棱柱，边数越多，棱柱越圆滑，边数越少，棱柱的棱角越明显，多用于制作柱子或六角桌面等。

Gengon（球棱柱）参数如图2-40所示。

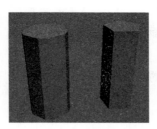

图2-39 棱柱   图2-40 棱柱参数

Sides（边数）：设置对象的边数。

Radius（半径）：设置对象的半径大小。

Fillet（圆角）：设置倒角的大小。

Height（高度）：设置对象的高度。

Sides Segs（边数分段）：设置圆周上的分段划分数。

Fillet Segs（圆角分段）：为倒角的段数，可以使倒角更平滑。

Height Segs（高度分段）：设置高度方向的分段数。

Smooth（平滑）：设置对象平滑。

2.2.10 C-Ext（C形墙）

C-Ext（C形墙）如图2-41所示。

与L形墙一样，常用在建筑效果图中快速制作墙体模型，并可以调整墙面的厚度。

C-Ext（C形墙）参数如图2-42所示。

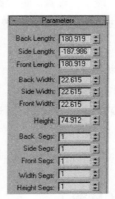

　图2-41 C形墙　　　　　　图2-42 C形墙参数

Back/Side/Front Length（后/侧/前长度）：设置3边的长度。

Back/ Side/Front Width（后/侧/前宽度）：设置3边的宽度。

Height（高度）：设置墙的高度。

Segs（分段）：设置各边上分段的划分数。

2.2.11 RingWave（环形波）

RingWave（环形波）如图2-43所示。

环形波可用于制作不规则的圆环，也可以做圆环运动动画，如爆炸产生的冲击波。

RingWave（环形波）参数如图2-44所示。

　　图2-43 环形波　　　　　图2-44 环形波参数

RingWave Size（环形大小）：设置环形波的基本参数。

Radius（半径）：设置环形波的半径。

Radial Segs（径向分段）：设置内半径与外半径之间的分段数。

Ring Width（环形宽度）：设置从外沿半径到内沿半径的环形宽度的平均值。

Sides（边数）：设置环形波圆周的分段数。

Height（高度）：设置环形波的高度。

Height Segs（高度分段）：设置环形波高度上的分段划分数。

RingWave Timing（环形波计时）：设置环形波的运动时间。

No Growth（无增长）：静态的环形波，保持对象形状上不作改变。

Grow and Stay（增长并保持）：设置一个动画增长周期，在Grow Time（增长时间）中设置增长的时间段，剩余的时间为物体保持的时间。

Cyclic Growth（循环增长）：设置为循环增长，在Grow Time（增长时间）中设置增长的时间段，剩余的时间为物体循环增长的时间。

Start Time/Grow Time/End Time（开始时间/增长时间/结束时间）：设置开始、增长、结束的时间。

2.2.12 ▶ Hose（软管）

Hose（软管）如图2-45所示。

软管是连接在两个物体间可以自由变形的对象，会随着两端物体的变换发生形态改变，常用于橡胶管、氧气管等的制作。

Hose（软管）参数如图2-46所示。

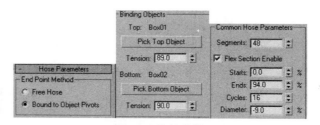

图2-45 软管 　　　　　　　　图2-46 软管参数

Free Hose（自由软管）：独立的管，不能绑定到物体。

Bound to Object Pivots（绑定到对象轴）：可以绑定到物体的轴心。

Pick Top Object（拾取顶部对象）：拾取需要绑定的对象，并放到上面。

Pick Bottom Object（拾取底部对象）：拾取需要绑定的对象，并放到下面。

Tension（张力）：设置对象的放缩变换值。

Segment（分段）：设置长度上的分段数。

Starts（开始）：设置开始伸缩面的位置。

Ends（结束）：设置结束伸缩面的位置。

Cycles（周期）：设置伸缩面的褶皱数量。

Diameter（直径）：设置软管伸缩面的大小。

2.2.13 ▶ Prism（三棱柱）

Prism（三棱柱）如图2-47所示。

等腰的三棱柱，常用于制作一些简单的模型，同时可以分别拉伸各边的长度，如图2-47所示。

Prism（三棱柱）参数如图2-48所示。

图2-47 三棱柱

图2-48 三棱柱参数

Side1\ Side2\ Side3 Length（边长度）：设置底面三角形的三边长度。

Side1\ Side2\ Side3 Segs（边分段）：设置3边的段数。

Height（高度）：设置三棱柱的高度。

2.3 新增创建功能

2.3.1 ▶ Doors（门）

1 ▶ Pivot（枢轴门）

直接建立单扇门或者双扇门，可以实现开\关门、倒角玻璃等效果，如图2-49所示。

创建方法：

01 在Top（顶）视图中选择Pivot（枢轴门），按下鼠标左键，创建门的宽度。

02 拖动鼠标，创建门的高度。

03 再次按下鼠标左键完成创建。

Pivot（枢轴门）参数如图2-50所示。

图2-49 枢轴门   图2-50 枢轴门参数

Height（高度）：设置门的高度。

Width（宽度）：设置门的宽度。

Depth（深度）：设置门框的纵向深度。

Double Doors（双门）：勾选则为双扇门，取消勾选为单扇门。

Flip Swing（翻转转动方向）：将开门的朝向向内翻转。

Open（打开）：设置开门的角度，可设置为开门动画。

Create Frame（创建门框）：勾选可以创建门框，取消勾选为无门框。

Width（宽度）：设置门框的宽度。

Depth（深度）：产生门框内外侧的深度。

Door Offset（门偏移）：设置门在门框内的纵向偏移。

Thickness（厚度）：设置门的厚度。

Stiles/Top Rail（门庭/顶梁）：将门的类型设置为Glass（玻璃门）或Beveled（倒角）门的时候，可控制整个门内的玻璃槽的轨道，进行放缩。

Bottom Rail（底梁）：设置Glass（玻璃门）或Beveled（倒角）门的底轨长度，也就是玻璃的长度。

Panels Horiz（水平窗格数）：在使用Glass（玻璃门）或Beveled（倒角）门的时候，设置门的横向隔板数。

Panels Vert（垂直窗格数）：在使用Glass（玻璃门）或Beveled（倒角）门的时候，设置门的竖向隔板数。

Muntin（镶板间距）：当横竖隔板数大于1时，可以设置横向隔板与竖向隔板间的距离。

Panels（镶板）：设置门的类型。

None（无）：设置为无玻璃效果。

Glass（玻璃）：设置为有玻璃效果，可以控制玻璃厚度。

Beveled（倒角）：设置为倒角玻璃效果，可以控制倒角的角度与厚度。

2 Sliding（推拉门）

Sliding（推拉门）指可进行滑动控制的门，如图2-51所示。

Sliding（推拉门）参数如图2-52所示。

图2-51 推拉门　　　　　　图2-52 推拉门参数

Flip Front Back（翻转前后门）：勾选为前后门交换，取消勾选为后前门交换。

Flip Side（翻转门边）：调换开门的方向。

Open（打开）：设置开门的宽度，可设置开门动画。

其他参数与Pivot（枢轴门）相同。

3 BiFold（折叠门）

BiFold（折叠门）多用于室内设计中，如图2-53所示。

BiFold（折叠门）参数与同Pivot（枢轴门）相同，如图2-54所示。

图2-53 折叠门　　　　　　　图2-54 折叠门参数

Double Doors（双门）：勾选为双扇门，取消勾选为单扇门。

Flip Swing（翻转转动）：将开门的朝向向内翻转。

Flip Hinge（翻转转枢）：当使用单扇门时，可以勾选此选项来翻转开门的位置。

2.3.2 ▶ Windows（窗口）

窗是建筑中经常用到的部件，这里列出了各种窗的参数，虽然窗类型不同，但使用和创建方法都是基本相同的，如图2-55所示。

　　注：如果赋予窗户多维子对象的材质，就可以实现窗户框与玻璃的不同材质效果。

各类型窗相同的参数如图2-56所示。

Height（高度）：设置窗的高度。

Width（宽度）：设置窗的宽度。

Depth（深度）：设置窗框的纵向深度。

Frame（外框）：设置窗的外框尺寸。

Horiz Width（水平宽度）：设置窗口框架水平部分的宽度（顶部和底部）。

Vert Width（垂直宽度）：设置窗口框架垂直部分的宽度（两侧）。

Thickness（厚度）：设置框架的厚度。

1 Awning（遮篷窗）

Awning（遮篷窗）如图2-57所示，其特有参数如下。

Width（宽度）：设置横格的宽度。

Panel Count（格数）：设置横隔板的数目。

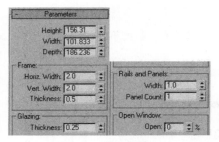

图2-55 窗　　　　　　　　　　图2-56 窗的参数　　　　　　　　　　图2-57 遮篷窗

2 Casement（平开窗）

Casement（平开窗）如图2-58所示，其特有参数如下。。

Panel Width（隔板宽度）：设置窗隔板的宽度。

One，Two（一，二）：设置单扇、双扇窗。

Flip Swing（翻转转动）：设置窗的反向转动方向。

3 Fixed（固定窗）

Fixed（固定窗）如图2-59所示，其特有参数如下。

Panel Horiz（水平窗格数）：设置窗的横向隔板数。

Panel Vert（垂直窗格数）：设置窗的竖向隔板数。

Chamfered Profile（切角剖面）：产生带倒角的横格。

4 Pivoted（旋开窗）

Pivoted（旋开窗）如图2-60所示，其特有参数如下。

Pivots（轴）：设置是水平翻转还是垂直翻转。

图2-58 平开窗　　　　　　　　图2-59 固定窗　　　　　　　　图2-60 旋开窗

5 Projected（伸出式窗）

Projected（伸出式窗）如图2-61所示，其特有参数如下。

Middle Height\Bottom Height（中点高度\底部高度）：分别设置中扇和底扇窗的高度。

6 Sliding（推拉窗）

Sliding（推拉窗）如图2-62所示，其特有参数如下。

图2-61 伸出式窗   图2-62 推拉窗

Panel Horiz（水平窗格数）：设置窗户的横向隔板数。

Panel Vert（垂直窗格数）：设置窗户的竖向隔板数。

Chamfered Profile（切角剖面）：产生带倒角的横格。

Hung（悬挂）：设置为上下滑动式窗。

2.3.3 AEC Extended（建筑扩展）

此功能主要用于创建植物、栏杆、墙的模型，常用在场景设计中。

1 Foliage（植物）

Foliage（植物）如图2-63所示。

图2-63 Foliage（植物）

直接在视图中进行创建植物，可以快速高效地创建多种树木网格对象，同时可以利用参数控制树木的高度、枯荣等效果。

Foliage（植物）参数如图2-64所示。

Height（高度）：设置树的高度。   Density（密度）：设置树叶的密度

Pruning（修剪）：修剪树冠的长度。   Seed（种子）：随机生成树叶的数目。

Show（显示）：显示或隐藏树叶、树干、果实、树枝、花和根。

2 **Railing**（围栏）

Railing（围栏）可以制作牧场的围栏、楼梯、扶手等对象，如图2-65所示。

Railing（围栏）参数如图2-66所示。

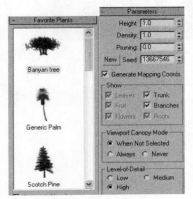

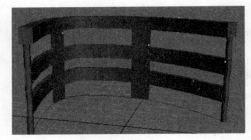

图2-64 Foliage（植物）参数　　　　　　图2-65 围栏　　　　　图2-66 围栏参数

Pick Railing Path（拾取围栏路径）：单击此按钮，点选视图中建立好的曲线路径，将沿路径建立围栏模型。

Segments（分段）：设置栏杆物体的段数，段数越多，围栏在路径上越圆滑。

Length（长度）：设置围栏的长度。

Top Rail/ Lower Rail（上围栏/下围栏）：设置上围栏/下围栏参数。

Profile（剖面）：分为圆形和方形。

Depth（深度）：设置围栏纵向深度。

Width\Height（宽度\高度）：设置围栏的宽度和高度。

间隔工具：设置横杆的间距、数目。

3 **Wall**（墙）

用户可以直接在顶视图中创建墙体，门窗能够自动连接到墙上，同时门窗会与墙自动进行剪切运算，自动在墙上开出洞，制作开门动画，如图2-67所示。

4 **Stairs**（楼梯）

在制作复杂的建筑时，可以利用此功能提高工作效率，建立L型楼梯、旋转楼梯、U型楼梯和直楼梯，如图2-68所示。

 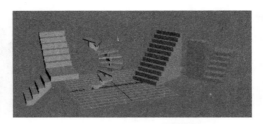

图2-67 Wall（墙）　　　　　　　　　图2-68 Stairs（楼梯）

2.3.4 ▶ 合成对象建模与实例 ▼

1. Blob Mesh（水滴网格）

新增功能，可以模拟水滴落下的动画，如图2-69所示。

创建方法:

01 执行Particle System > Super Spray（粒子系统 > 超级喷射）命令，然后按照图2-70所示设置Parameters（参数）面板，为粒子设置动画。

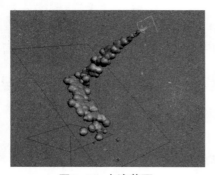 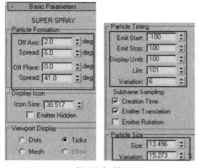

图2-69 水滴落下　　　　　　　　　图2-70 粒子参数设置

02 执行Create > Compound Objects > BlobMesh（创建 > 复合对象 > 水滴网格）命令，然后单击Add（添加）按钮，添加上SuperSpray01（见图2-71），选择 ≋ > Deflectors > Deflector（空间扭曲 > 平面导向板 > 平面器空间扭曲），设置Bounce（弹力）参数如图2-72所示。

图2-71 BlobMesh（水滴网格）参数设置　　图2-72 Deflector（平面导向板）参数设置

03 选择SuperSpray01，按住 按钮并拖曳到Deflector01（平面导向板）上，将粒子绑定在导向板上，再执行Force > Gravity（力 > 重力）命令创建重力，同样按住 按钮并拖曳到SuperSpray01上，将粒子绑定在重力上，如图2-73、图2-74、图2-75所示。

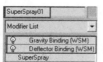

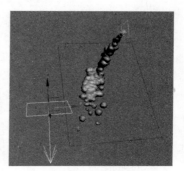

图2-73 为粒子添加绑定设置　　图2-74 设置Gravity　　图2-75 绑定后的粒子效果

➋ Morph（变形）

将一个网格对象变形为另一个不同形态的网格对象，需要注意的是使用此命令时，要保证两个对象的面数相同，如图2-76所示。

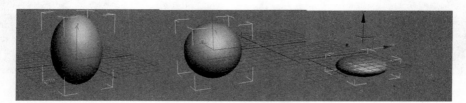

图2-76 变形动画效果

创建方法：

01 选择创建面板，创建1个Sphere（球体），如图2-77所示。

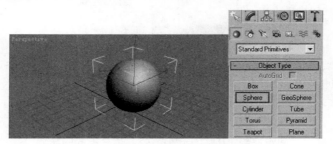

图2-77 创建Sphere（球体）

02 按住Shift键，同时在视图中移动球体，此时会出现复制对话框，使用Clone（克隆）命令复制出2个球体，然后选择第2个球体，在 （修改）面板下拉菜单中添加FFD修改菜单，如图2-78、图2-79所示。

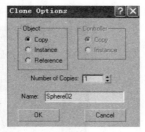

图2-78 克隆选项   图2-79 添加FFD修改

03 选择Control Points（控制点），移动点改变球体形状，然后使用同样的方法调节第3个球体，如图2-80、图2-81所示。

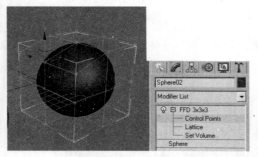

图2-80 修改控制点   图2-81 FFD修改第3个对象

04 在 （创建）面板中选择Morph（变形），单击Pick Target（拾取目标）按钮将剩下的2个球体拾取进来，如图2-82、图2-83所示。

图2-82 Morph（变形）面板   图2-83 Pick Target（拾取目标）

05 选择时间栏，移动时间滑块到第0、10、20帧处，选择不同的球体，并单击Create Morph Key（创建变形帧）按钮创建动画，如图2-84所示，然后将其余两个球体隐藏起来，滑动时间滑块，当前球体已出现变形动画，如图2-85所示。

3 Scatter（离散）

将一个对象大量地分布到另一个对象上，常用于制作如流星锤、草地、头发等对象，如图2-86所示。

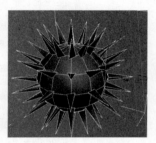

图2-84 创建变形关键帧　　　　　　图2-85 移动时间滑块　　　　　　图2-86 流星锤

创建方法：

01 在视图中创建1个球体，并且调节Segments（分段）值为12，如图2-87所示。

02 创建一个Cone（圆锥），具体参数调节如图2-88所示。

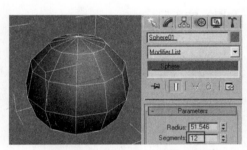

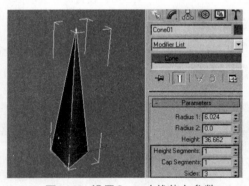

图2-87 调节Segments（分段）　　　　图2-88 设置Cone（锥体）参数

03 在选中Cone（圆锥）的状态下，选择复合对象中的Scatter（散布）类型（见图2-89），在启用Pick Distribution Object（拾取分布对象）状态下选择球体，如图2-90所示。

04 在Distribution Object（分布对象）的使用列表中选择All Vertices（全部顶点）选项，在球体的全部顶点上创建离散对象，设置及效果如图2-91、图2-92所示。

4 Conform（一致）

用一个对象将另一个对象包裹起来，常用于建造一些特殊的模型。

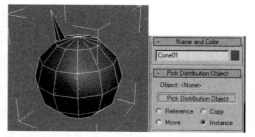

图2-89 Scatter（离散）　　　　图2-90 Pick Distribution Object （拾取离散对象）

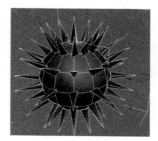

图2-91 设置离散选项　　　　　　　　图2-92 离散后的效果

创建方法:

01 在视图中创建1个球体，并且再复制出2个球体，如图2-93所示。

02 选择其中两个球体进行Connect（连接）操作，并对齐进行拾取，如图2-94、图2-95所示。

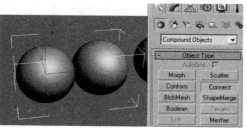
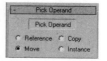

图2-93 复制球体　　　　图2-94 Connect（连接）两个球体　　　图2-95 拾取Connect（连接）对象

03 放大其中1个球体，然后选择大球体，并选择Conform（包裹）类型，单击Pick Wrap-To Object（拾取包裹对象）按钮，将剩下的球体拾取进去，如图2-96、图2-97所示。

04 在Conform（一致）修改器中选择包裹类型为Towards Wrapper Center（指向包裹对象中心），如图2-98、图2-99所示。

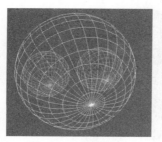

图2-96 放大球体

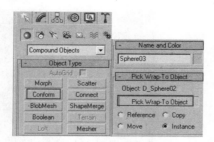

图2-97 Conform（包裹）和拾取包裹对象

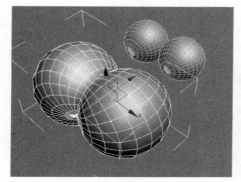

图2-98 包裹对象

图2-99 向中心包裹

05 勾选Hide Wrap-To（隐藏包裹对象）选项隐藏被包裹的对象，完成包裹操作，如图2-100、图2-101所示。

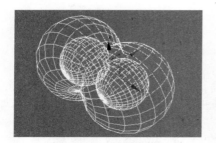

图2-100 隐藏包裹前

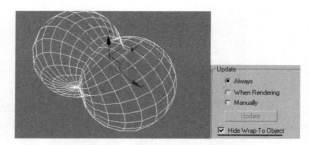

图2-101 隐藏包裹后

2.3.5 ▶ ShapeMerge（图形合并）

将二维曲线投射在球体上，制作出修剪的效果。

创建方法：

01 在视图中创建1个球体，同时创建1条封闭的曲线，如图2-102所示。

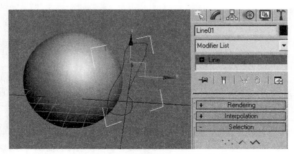

图2-102　创建球体和封闭曲线

02　选择球体，选择ShapeMerge（图形合并）类型，单击选择Pick Shape（拾取图形）命令，如图2-103、图2-104所示。

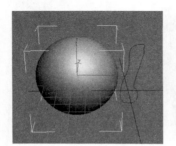

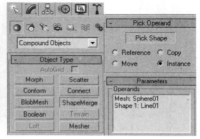

图2-103　选择球体　　　　　　　　　　图2-104　拾取图形

03　选择Cookie Cutter（饼切）选项，切除图形投射到球体上的区域，如图2-105所示。

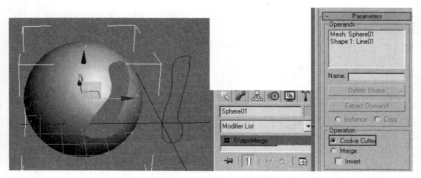

图2-105　Cookie Cutter（饼切）

04　选择Invert（翻转）选项，切除没有被投射的区域，如图2-106所示。

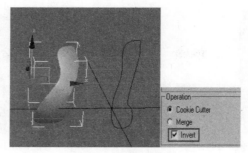

图2-106 反选区域

2.3.6 ▸ Boolean（布尔）运算 ▾

可进行对象间的相互剪切操作。

创建方法:

01 选择扩展面板，在视图中创建1个Chamfer Box（切角长方体），参数设置如图2-107所示。

02 创建3个Sphere（球体），如图2-108所示将其按顺序排列，选择Chamfer Box（切角长方体），在Compound Objects（合成对象）中选择Boolean（布尔），然后单击Pick Operand B（拾取操作对象B）按钮并点击选择其中1个球体，选择修建类型为Subtraction（相减），如图2-109所示。

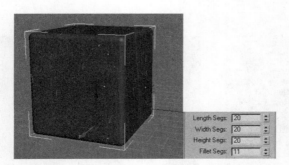

图2-107 Chamfer Box（切角长方体）参数设置

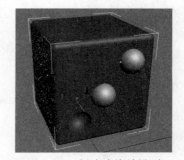

图2-108 创建球体并排列

03 重复步骤（2）的拾取过程，制作出如图2-110中的效果。注意，拾取球体之前要重新选择Boolean（布尔）。

图2-109 创建布尔对象

图2-110 完成效果

2.3.7 ► Terrain（地形）

利用等高线创建地形，创建的对象可以根据海拔高度区分颜色。等高线可以使用样条曲线在视图中绘制。

创建方法：

01 选择Top（顶）视图，创建1根封闭的二维曲线，同样再创建另外4根曲线，如图2-111、图2-112所示。

02 选择 ✛（移动）工具调节曲线的高度，选择最底下的曲线，在Compound Objects（复合对象）面板中选择Terrain（地形）形成底面，然后再单击Pick Operand（拾取操作对象）按钮，依次由底部向上拾取曲线，形成地形，如图2-113和图2-114所示。

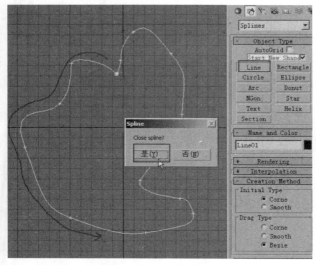

图2-111 创建封闭曲线

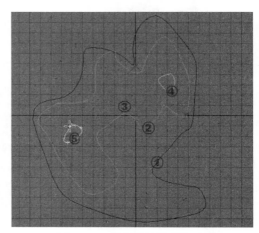

图2-112 复制并调节封闭曲线

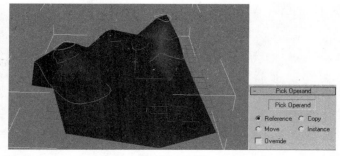

图2-113 Terrain（地形）　　　　　图2-114 拾取运算

03 选择Graded Surface（分级曲面）选项，依等高线分布创建网格构成的地形物体，或者选择Graded Solid（分级实体）选项，依等高线分布创建地形物体。物体边缘和底部也有面，形成实体，各角度均可见，具体如图2-115所示。

04 选择Layered Soild（分层实体）选项，等高线之间用垂直的曲面连接，使用地形物体呈阶梯状，可以模拟蛋糕或建筑地形，具体如图2-116所示。

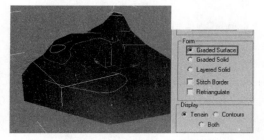

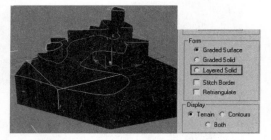

图2-115 Graded Surface（分级平面）　　　　　图2-116 Layered Solid（分层实体）

2.3.8　Loft（放样）

放样是三维建模中最重要的一种方法，利用1个二维曲线截面，按照1条路径曲线进行放样，从而形成模型。

创建方法：

01 使用 Line （线）命令创建两个截面线段，然后用移动工具移动截面，再创建一条路径曲线，移动到两个截面之间，如图2-117所示。

02 选择路径曲线，单击Loft（放样）命令，然后单击选择Get Shape（获取图形）命令，在Path（路径）值为0时，拾取上面的截面线段，然后将Path（路径）值调整到100，再拾取下面的截面线段，如图2-118、图2-119所示。

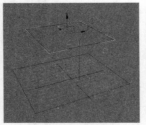
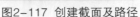

图2-117 创建截面及路径

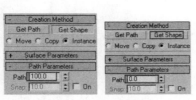

图2-118 路径参数设置

图2-119 放样结果

03 选择 （修改）面板，在Loft（放样）修改器中找到Deformation（变形）面板，然后选择其中的变形选项，同时会弹出对话框，在里面单击 （插入角点）按钮，在线上添加点，并且移动，当曲线变化时视图中的模型就会随之变形，如图2-120所示。

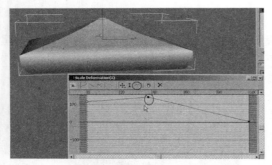

（a）Scale（缩放）使放样物体发生缩放变形

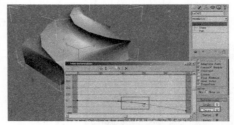

（b）Twist（扭曲）使放样物体发生扭曲变形

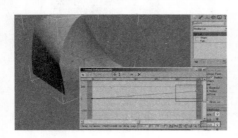

（c）Teeter（倾斜）使物体发生倾斜变形

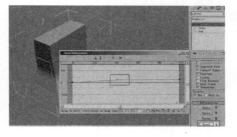

（d）Bevel（倒角）使物体发生倒角变形

图2-120 变形效果

创建Fit（拟合）放样建模，可以利用多条平面样条曲线创建模型，具体操作如下。

01 创建路径曲线，如图2-121所示。

02 选择路径曲线，然后单击选择Get Shape（获取图形）按钮并拾取底面曲线，生成长方体，如图2-122所示。

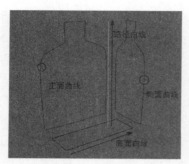

图2-121 创建路径曲线

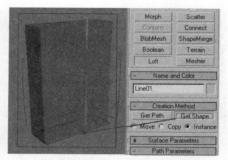

图2-122 Get Shape（获取图形）

03 选择Fit（拟合）选项，在弹出的对话框中单击 ✍ （拾取）按钮，拾取正面曲线，同时选择 ✎ （以X轴向）进行拾取，选择 ↺↻ 工具调整拾取图形的方向，使用同样的方法再选择Fit（拟合）选项，在弹出的对话框中单击 ✍ 工具拾取侧面曲线，同时选择 ✎ （以Y轴向）工具进行拾取，选择 ↺↻ 工具调整拾取图形的方向，如图2-123所示。

04 完成拟合，如图2-124所示。

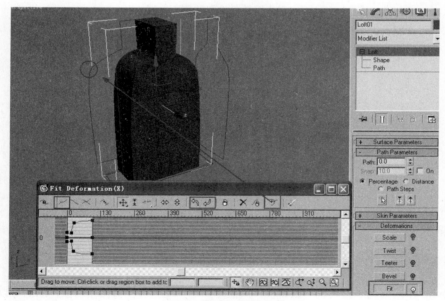

（a）以X轴向拾取截正面曲线

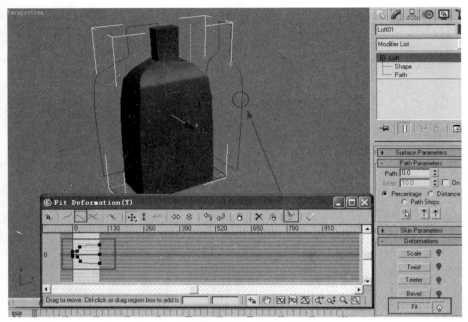

（b）以Y轴向拾取截侧面曲线

图2-123 拾取曲线

图2-124 完成效果

2.3.9 ▶ Mesher（网格化）

使用Mesher（网格化）工具，可以将程序对象（如粒子）等转换为网格对象，从而可以实现扭曲等修改操作。

创建方法:

01 在视图中创建一个Mesher（网格化）对象，如图2-125所示。

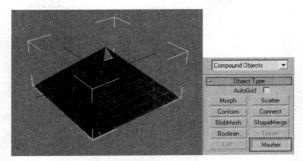

图2-125 创建 Mesher（网格化）对象

02 创建1个Box（长方体），参数设置如图2-126所示。

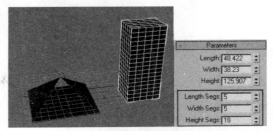

图2-126 设置Box（长方体）参数

03 在创建面板的下拉列表中选择Particle Systems（粒子系统）修改器，然后选择SuperSpray（超级喷射），在视图中创建一个粒子喷射系统。在修改面板中修改粒子参数，设置粒子为Mesh（网格）并调整粒子的Size（大小）值，在粒子类型中选择Standard Particles（标准粒子）类型，并选择粒子为Cube（立方体）类型，如图2-127所示。

（a）超级喷射

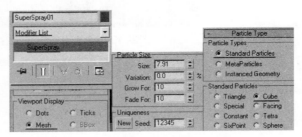

（b）修改粒子系统的参数

图2-127 创建粒子系统

04 选择修改面板中的Mesher（网格化）修改器，单击Pick Object（拾取对象）按钮，然后拾取视图中的粒子，如图2-128所示。

05 单击Pick Bounding box（拾取绑定长方体）按钮，然后拾取视图中的长方体，如图2-129所示。

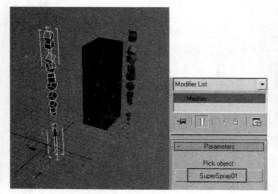

图2-128 拾取粒子

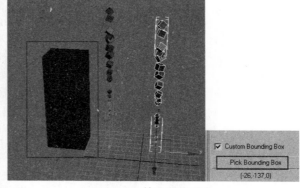

图2-129 拾取绑定对象

06 选择Mesher（网格化）修改器，在修改面板中添加Bend（弯曲）修改命令，调整Angle（角度）参数，如图2-130所示。

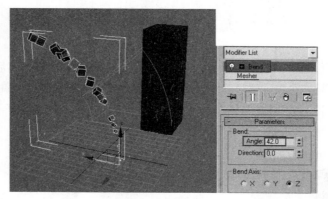

图2-130 添加Bend（弯曲）修改命令

07 单击鼠标右键，在弹出的快捷菜单中选择Hide Selection（隐藏选择）命令，隐藏视图中的其他对象，完成效果如图2-131所示。

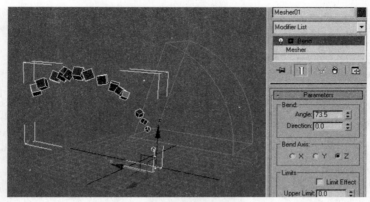

图2-131 完成效果

本章总结与思考练习

本章主要讲解了基础建模工具的使用方法，还讲解了合成建模等技术，这是高难度建模的基础，需要读者熟练掌握。

本章基础知识与操作技能自测题。

简答题：

1. 标准几何体包含哪几种模型？

2. 扩展几何体包含哪几种模型？

3. 新增的创建功能有哪几种？

4. 合成物体中包含哪几种合成方法？

操作题：

1. 创建Box（长方体）等标准几何体，然后通过修改面板修改其参数。

2. 创建ChamferBox（切角长方体）等扩展几何体，然后通过修改面板修改其参数。

3. 创建Doors（门），然后通过修改面板修改其参数。

4. 使用Scatter（散布）、Terrain（地形）、Boolean（布尔）等合成命令创建流行的锤、山、骰子等模型。

第3章 多边形建模方法

Editable Poly（可编辑多边形）是一种使用网格划分的对象，在功能上与Editable Mesh（可编辑网格）相似。计算机处理三维图像的方法是使用数据测量三角面的坐标信息进行建模的，要想使三维对象与程序相连接，最好的方法是用多边形建模的方法，而Editable Poly（可编辑多边形）可以创建三角面或四边面，同样四边面也可使用导出插件转换成三角面，所以在制作模型时要记住将最后形成的对象转换成多边形对象，而多边形对象本身不能创建，要使用多边形对象，必须通过转换或使用添加修改功能。

3.1 Edit Ploy（编辑多边形）

在视图内创建几何体，进入修改面板，并在已有的对象上添加Edit Poly（编辑多边形）修改命令，如图3-1所示。

在Edit Poly（编辑多边形）修改命令里面新增了Edit Poly Mode（编辑多边形模式）、Paint

Deformation（绘制变形）两项功能，其他功能如Selection（选择）、Soft Selection（软选择）、Edit Geometry（编辑几何体）与Editable Poly（可编辑多边形）功能相同，如图3-2所示。

在Edit Poly Mode（编辑多边形模式）卷展栏中，分为Model（模型）和Animate（动画）两种模式。Model（模型）模式可以对模型进行编辑或变形，Animate（动画）模式可将点、边、面等作为可记录的动画，制作变形动画，如图3-3所示。

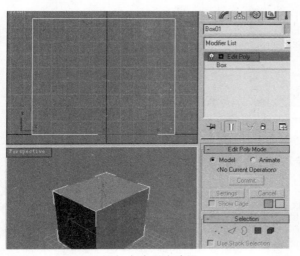

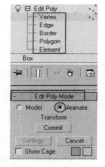

图3-1 添加多边形修改器　　　　　　图3-2 Edit Poly（编辑多边形）　　图3-3 编辑多边形模式

打开Auto Key（自动关键点）按钮，移动时间滑块，同时移动Vertex（顶点），顶点移动的动画将被记录，如图3-4所示。

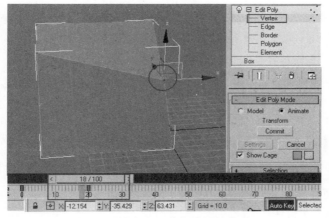

图3-4 Auto Key（自动关键点）

创建Sphere（球体），添加Edit Poly（编辑多边形）修改命令，使用Paint Deformation（绘制变形）卷展栏中的参数可以使对象产生变形，同样也可以生成变形动画，此功能主要用于制作生物的肌肉或不规则的石头的运动，如图3-5所示。

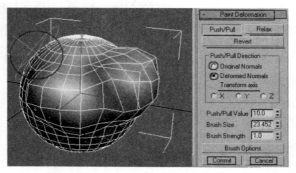

图3-5 Paint Deformation（绘制变形）

Paint Deformation（绘制变形）卷展栏中各项参数如下。

Push/Pull（推/拉值）：当推/拉数值为正时，绘制部分凸出，数值为负时绘制部分凹陷。

Relax（放松）：使绘制部分变得平滑。

Revert（复原）：使绘制变形部分恢复到原始状态。

Original Normals（原始法线）：推拉对象的时候按照对象原始法线产生凸凹变形。

Deformed Normals（变形法线）：推拉对象的时候按照对象变形后的轴向产生凸凹变形。

Transform Axis（变换轴）：在*X/Y/Z*三个轴向上进行变形。

Push/Pull Value（推/拉数值）：数值为正时绘制部分凸出，数值为负时绘制部分凹陷。

Brush Size（笔刷大小）：设置画笔的大小。

Brush Strength（画笔强度）：设置凸凹变形的强度。

Brush Options（画笔选项）：弹出画笔对话框，可以控制画笔形状。

Commit（提交）：当绘制完成时，可以提交完成变形。

Cancel（取消）：取消调整的效果。

3.2 Editable Ploy（可编辑多边形）

转换为多边形有两种方法，一种是在Edit Poly（编辑多边形）修改命令上添加Turn to Poly（转换为多边形）命令，另一种是直接转换。

在修改面板中添加Turn to Poly（转换为多边形）命令，然后在修改堆栈中单击鼠标右健，在弹出的快捷菜单中选择Collapse To/All（塌陷到/全部），如图3-6所示。

Convert to Editable Poly（转换为可编辑多边形）：选择对象，单击鼠标右健，在弹出的快捷菜单中选择Convert to Editable Poly（转换为可编辑多边形），如图3-7所示。

Editable Poly（可编辑多边形）与Edit Poly（编辑多边形）之间的区别是，Editable Poly（可编辑多边形）在含有Paint Deformation（绘制变形）、Selection（选择）、Soft Selection（软选择）、Edit Geometry（编辑几何体）功能的同时，还增加了Subdivision Surface（细分曲面）、Subdivision Displacement（细分置换）功能，但在游戏中的用处不大。

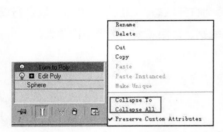

图3-6 Collapse To/All（塌陷到/全部）

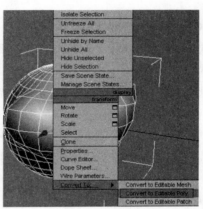

图3-7 转换为可编辑多边形

3.2.1 ▶ 多边形修改元素

转换后的多边形可以分为5个子对象级元素，如图3-8所示。

图3-8 多边形修改元素

1 Selection（选择）

Vertex（顶点）：以顶点为最小的选择单位。

Edge（边）：以边为最小的选择单位。

Border（边界）：连续的边围成开放的对象边缘。

Polygon（多边形）：以四边形为最小的选择单位。

Element（元素）：以断开的整个对象元素为选择单位。

2 Soft Selection（软选择）

使用软选择可以将选择点周围连带的点按照区域的大小进行操作，多数用于制作表情、肌肉等，如图3-9所示。

Use Soft Selection（使用软选择）：选择后软选择为打开状态，相应的参数就可以进行调节了。

Edge Distance（边距离）：选择后可以设置边距级别，边距越大，选择范围越大。

Affect Backfacing（影响背面）：控制影响区域。

Falloff（衰减）：控制选择区域的衰减范围。

Pinch（紧缩）：紧缩选择区域。

Bubble（凸起）：加强整体选择区域。

Shaded Face Toggle（实体面开关）：以实体颜色显示对象软硬程度，橙色为软体区，蓝色为硬体区，绿色为过渡区。

Paint Soft Selection（绘制软选择）：通过画笔绘制进行选择，如图3-10所示。

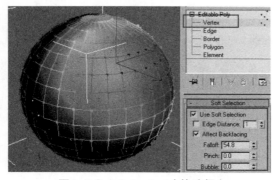　　　　　　　　　　　

图3-9 Soft Selection（软选择）　　　　　　图3-10 Paint Soft Selection（绘制软选择）

3 Edit Vertices（编辑顶点）

编辑顶点级别，当选择Vertex（顶点）级别时，修改菜单中会出现此选项，如图3-11所示。

Remove（移除）：移除当前选择的顶点。与删除点不同，移除点不会破坏整体表面，而删除点是将点和连带的面一同删除。

Break（打断）：将点分散成多个可编辑的点。

Extrude（挤出）：可以手动方式对选择点进行挤出操作，选择点会沿着法线方向挤出新的多边形。其中包含Extrusion Height（挤出高度）和Extrusion Base Width（挤出基面宽度）2个参数，如图3-12所示。

Weld（焊接）：用于顶点之间的焊接操作。在视图中选择需要焊接的顶点后，在Weld Threshold（焊接阈值）值内的点会被自动焊接，如图3-13所示。

Chamfer（切角）：对选择的点进行切角处理。通过Chamfer Amount（切角数量）来控制切角大小。Open（开启）选项用于控制是否制作镂空效果，如图3-14所示。

Target Weld（目标焊接）：将选择的点拖动到要焊接的点上，形成焊接。

Connect（连接）：在点和点之间创建连接线，如图3-15所示。

图3-11 Edit Vertices（编辑顶点）

图3-12 Extrude（挤出）

图3-13 Weld（焊接）

图3-14 Chamfer（切角）

图3-15 Connect（连接）

Remove Isolated Vertices（移除隔离顶点）：删除所有孤立的顶点，不管是否选择该点。

Remove Unused Map Verts（移除未使用的贴图顶点）：没用的贴图顶点可以显示在Unwrap UVW（展平UVW）编辑器中，但不能用于贴图，所以单击此按钮可以自动删除这些贴图点。

4 Edit Edges（编辑边）

编辑边级别。当选择Edges（边）级别时，修改菜单中会出现此选项，如图3-16所示。

Remove（移除）：移除选择的边，可以移除连接好的边，但不会删除面。

Split（分割）：沿选择边分离网格，这个命令的效果不能直接显示出来，只有在移动分割后的边时才能看到效果。

Insert Vertex（插入顶点）：手动对可视边界进行细分，在边界上单击可以加入任意多的顶点。

Weld（焊接）：对边进行焊接。在视图中选择需要焊接的边后，单击此按钮，在焊接范围内的边会被焊接在一起。

Extrude（挤出）：对选择边进行挤出。

Target Weld（目标焊接）：将选择的边拖动到要焊接的边上，形成焊接。

Chamfer（切角）：对边进行切边，形成双条边。

Connect（连接）：将两条以上的边连接，其中包含Segments（分段）、Pinch（收缩）和Slide（滑块）3个参数，如图3-17所示。

Bridge（桥接）：连接两个断开的线段，连接后出现新的面，同时在连接部分可以增加参数控制。有Use Edge Selection（使用边选择）和Bridge Specific Edges（桥接特定边）两个参数，可通过拾取自定义的边进行桥接，如图3-18、图3-19所示。

 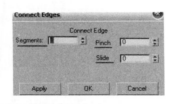 

图3-16 Edit Edges（编辑边）　　图3-17 Connect Edges（连接边）　图3-18 选择两个分离的线段

Create Shape From Selection（从选择创建图形）：从选择的边上创建新的二维曲线。

Weight（权重）：在添加Mesh Smooth（网格平滑）后，使用权重调节平滑效果。

Crease（折角）：设置转折边的锐利程度。

Edit Triangulation（编辑三角面）：打开隐藏的边。

Turn（转换）：转换隐藏边的方向。

5▶ Edit Borders（编辑轮廓）

对连续开放的轮廓线段进行编辑，如图3-20所示。

Cap（端面）：在开放的轮廓边加上顶盖。

6▶ Edit Polygons（编辑多边形）

对多边形进行编辑等操作，如图3-21所示。

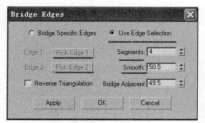
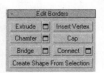

图3-19 Bridge（桥接）　　　图3-20 Edit Borders（编辑轮廓）　　图3-21 Edit Polygons（编辑多边形）

Insert Vertex（插入顶点）：在需要加点的位置插入顶点，同时与顶点连接的线段会自动建立，如图3-22所示。

Extrude（挤出）：对所选对象进行挤出操作，方式如下。

Group（组）：以组的方式挤出对象，如图3-23所示。

Local Normal（本地法线）：以自身法线方向挤出对象，如图3-24所示。

By Polygon（按多边形）：以各个面的多边形法线方向挤出对象，如图3-25所示。

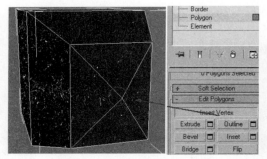
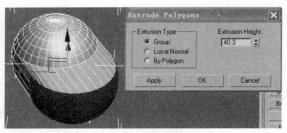

图3-22 Insert Vertex（插入顶点）　　　　　　　　图3-23 Group（组）

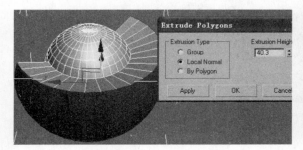
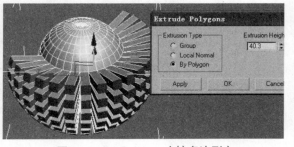

图3-24 Local Normal（本地法线）　　　　　　图3-25 By Polygon（按多边形）

Outline（轮廓）：用于增大或减小轮廓边的尺寸，如图3-26所示。

Bevel（倒角）：对所选对象进行挤出操作，挤出效果如图3-27所示。

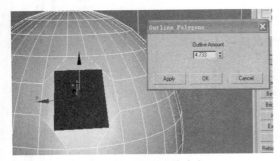
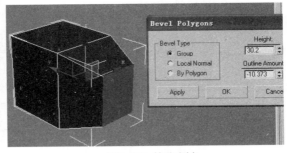

图3-26 Outline（轮廓）   图3-27 挤出倒角

Group（组）：以组的方式挤出对象。

Local Normal（本地法线）：以自身法线方向挤出对象。

By Polygon（按多边形）：以多边形的面法线方向挤出对象。

Height（高度）：设置对象挤出的高度。

Outline Amount（轮廓量）：设置倒角轮廓，数值为正时向外倒角，数值为负时向内倒角。

Inset（置入）：将没有厚度的面置入多边形，如图3-28所示。

Group（组）：以组置入。

By Polygon（按多边形）：按多边形拉神。

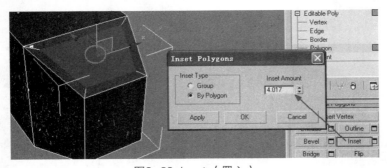

图3-28 Inset（置入）

Flip（翻转）：翻转面的法线方向。

Hinge From Edge（从边旋转）：以选择边作为轴进行角度拉伸，如图3-29所示。

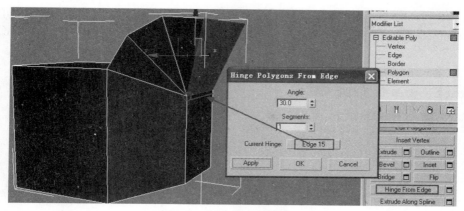

图3-29 以边作为轴挤出面

Angle（角度）：设置以多少度的角度进行拉伸。

Segments（分段）：设置拉伸面的段数。

Current Hinge（当前转枢）：在视图中，拾取需要围绕旋转的轴向边。

Extrude Polygons Along Spline（沿样条线挤出多边形）：可在视图内建立二维曲线，将选择的面沿曲线进行挤出。如制作辫子、腰带、公路等，如图3-30所示。

Pick Spline（拾取样条线）：拾取路径曲线。

Segments（分段）：设置挤出部分的片段数。

Taper Amount（锥化量）：沿路径增大或缩小锥化量。

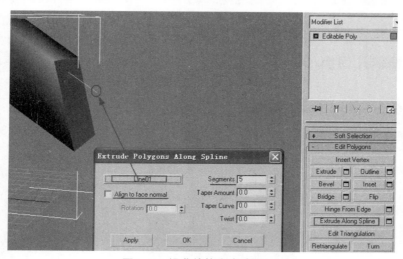

图3-30 沿曲线挤出多边形

Taper Curve（锥化曲线）：设置锥化曲线的弯曲程度。

Twist（扭曲）：沿路径进行扭曲。

Align to face normal（对齐到面法线）：选择此项时沿面的法线方向挤出，取消选择此项时沿曲线方向挤出。

7 Edit Elements（编辑元素）

对对象中的元素进行编辑操作，如图3-31、图3-32所示。

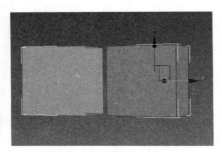 

图3-31 选择元素　　　　　　　　　图3-32 编辑元素

3.2.2 编辑几何体

1 Edit Geometry（编辑几何体）

在各个元素间都可以使用Edit Geometry（编辑几何体）命令来编辑对象，如图3-33所示。

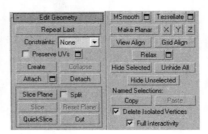

图3-33 Edit Geometry（编辑几何体）

Repeat Last（重复上一次）：重复对对象进行的上一次操作。

Constraints（约束）：在None（无）状态时，选择的点可以在任意方向上移动；在Edge（边）状态时，选择的点只能沿着邻近边变换；如果选择Face（面），选择的点只能在多边形表面移动。

Create（创建）：建立新的单个顶点、面、多边形或元素。

Collapse（塌陷）：将选择的点、线、边界、多边形结合在一起。

Attach（结合）：将视图中其他对象合并到当前对象中，可以进行点、线、边界、多边形等的编辑操作。

Detach（分离）：可将点、边等连带的面或者多边形及元素分离出当前对象，分离形式共有4种。

① 不选择任何选项，直接分离，会将选择部分与原对象直接分开，变成另一个新对象。

② 选择Detach To Element（分离到元素）：将选择部分分离为整个对象的子对象元素，即分离出来的部分在对象内部，而不是单独分离出来的对象。

③ 选择Detach As Clone（分离为克隆）：将选择部分分离为克隆元素，即将选择的部分克隆一个独立的新对象，同时原对象没有任何变化。

④ 同时选择Detach To Element（分离为元素）和Detach As Clone（分离为克隆），会将选择部分进行克隆并分离为在整体对象内的子对象，如图3-34所示。

Slice Plane（切割平面）：选择需要切割的面，使用方形的平面作为切割工具进行对象的切割，单击Slice（切片）按钮形成切割边，在Edge（边）中可以查看。

Reset Plane（重置平面）：恢复切割平面的位置和方向。

Quick Slice（快速切割）：对平面直接进行切割，单击鼠标左键设置开始点，单击鼠标右键结束切割。

Cut（剪切）：通过在边上添加点细分对象，剪切过的部分会形成连接线，这是非常重要的建模工具。

MSmooth（网格平滑）：使用当前的平滑设置对选择的子对象级别进行平滑处理。

Tessellate（细分）：对选择的子对象进行细分处理。细分类型有两种：Edge（边），由每条边的中心点处开始分裂产生新的面；Face（面），由每个面的中心点处开始分裂产生新的面；参数Tension（张力）用于设置细分后的表面的凹凸，如图3-35所示。

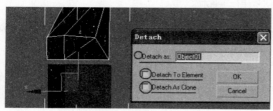

图3-34 Detach（分离）

图3-35 Tessellate（细分）

　　Make Planar（制作平面）：将选择的面强制压平在一个平面上。

　　View Align（视图对齐）：单击后，选择的点、面被放置在同一个平面上，对齐方向为视图方向。

　　Relax（放松）：对选择部分添加松弛的效果，包含Amount（数量）和Iterations（迭代）两项参数，如图3-36所示。

　　Grid Align（栅格对齐）：单击后，选择的点、面被放置在同一个栅格平面上。

　　Hide Selected（隐藏选定对象）：与显示面板的隐藏不同，它可以隐藏已选择的多边形子对象级别部分，如图3-37所示。

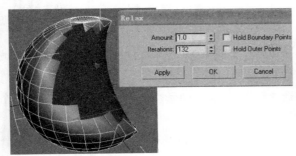
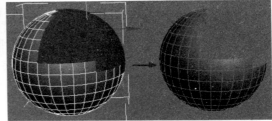

图3-36　Relax（放松）　　　　　　　　　　　图3-37　Hide Selected（隐藏选定对象）

　　Unhide All（取消隐藏）：将隐藏的子对象显示出来。

　　Hide Unselected（隐藏未选择的对象）：将没有选择的子对象隐藏起来。

2 Polygon Properties（多边形属性）

　　Polygon Properties（多边形属性）面板如图3-38所示。

　　Material（材质）：设置材质参数。

　　Set ID（设置ID）：为选择的多边形指定材质ID号，在多维/子对象中会按照材质ID号分配材质。

　　Select By SG（按平滑组选择）：选择所有具有平滑组的表面。

　　Clear All（清除全部）：清除所有平滑组。

　　Auto Smooth（自动平滑）：根据数值范围进行自动平滑。

　　Subdivision Surface（细分曲面）：选择Use NURBS Subdivision（使用NURBS细分）可以使对象变得平滑，Iterations（迭代）用于设置平滑的迭代级别，如图3-39所示。

　　Subdivision Displacement（细分置换）：设置细分参数，只有对对象指定了置换贴图后才产生影响，如图3-40所示。

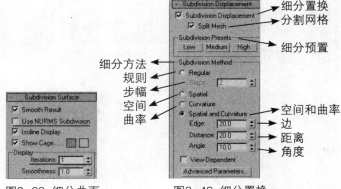

图3-38 Polygon Properties（多边形属性）　　图3-39 细分曲面　　　　图3-40 细分置换

本章总结与思考练习

本章主要讲解了多变形建模方法，这是三维软件中常用的建模方法，需要熟练掌握。

简答题：

1. 添加和转换多边形的方法是什么？

2. 多边形有多少种子级元素？

3. 简述Bevel（倒角）的不同挤出方式。

操作题：

1. 使用Hinge From Edge（从边旋转）命令，以选择边作为轴进行角度拉神。

2. 使用Attach（结合）命令将视图中的两个对象合并在一起。

3. 使用Detach（分离）命令将元素分离出当前对象。

4. 使用Cut（剪切）命令在模型上划分连接线段。

4.1 二维线段的创建

样条线（Splines）共有11种类型，如图4-1所示。顶端的Start New Shape（创建新的样条线）按钮在默认状态下是开启的，当创建一个新曲线时是一个独立的对象。如果将它关闭，再次创建的曲线将会作为第1次创建曲线的子对象。

1 Line（线）

Line（线）参数如图4-2所示。

01 Rendering（渲染）

设置二维曲线在视图中的可渲染属性。

Enable In Renderer（在渲染中启用）：设置为可渲染。

Enable In Viewport（在视口中启用）：设置为在视图中显示。

Generate Mapping Coords（通用贴图坐标）：用于控制贴图位置，U轴控制周长上的贴图，V轴控制长度方向上的贴图。

Viewport（视图）：视图属性。

Renderer（渲染）：渲染属性。

Radial（径向）：创建类型为圆形截面。

· Thickness（厚度）：设置线的厚度。

· Sides（边）：设置线的边数。

· Angle（角度）：设置横截面扭曲的角度。

Rectangular（矩形）：创建类型为矩形截面。

· Length（长度）：矩形的长度。

· Width（宽度）：矩形的宽度。

· Angle（角度）：矩形的扭曲角度。

· Aspect（比例）：矩形的长宽比例。

02 Interpolation（插值）

用于设置曲线的平滑程度，如图4-3所示。

图4-1 样条线创建面板

图4-2 Line（线）参数

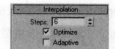

图4-3 Interpolation（插补值）

Steps（步幅）：设置两个顶点之间有多少个片段，数值越高曲线越平滑。

Optimize（最优化）：自动去除曲线上多余的步幅片段。

Adaptive（自动适配）：根据曲度的大小自动设置步幅数，弧度较大的地方需要的步幅会多，以产生平滑的曲线，直线设置为0。

03 Creation Method（创建方式）

Creation Method（创建方式）面板如图4-4所示。

Initial Type（初始类型）：在创建时以Corner（直角）或Smooth（平滑）方式创建线段。

Drag Type（拖曳类型）：以拖曳的形式创建线段，共有以下3种方式。

· Corner（角）：以Corner（直角）方式创建线段。

· Smooth（平滑）：以Smooth（平滑）方式创建线段。

· Bezier：以可控贝兹曲线方式创建线段。

2 **Rectangle**（矩形）

创建矩形曲线。其中Corner Radius（圆角半径）参数可以设置直角与圆角过渡，如图4-5、图4-6所示。

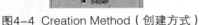
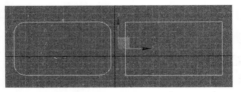

图4-4 Creation Method（创建方式）　　　图4-5 圆角矩形和直角矩形　　　图4-6 矩形参数

3 **Circle**（圆）

创建圆形曲线。

Radius（半径）：设置圆形的半径大小，如图4-7所示。

4 **Ellipse**（椭圆）

创建椭圆曲线。

Length（长度）：设置椭圆的长度。

Width（宽度）：设置椭圆的宽度，如图4-8所示。

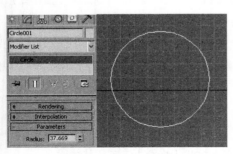
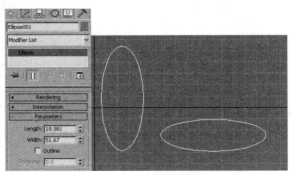

图4-7 Circle（圆）　　　　　　　　　　　图4-8 Ellipse（椭圆）

5 Arc（弧）

制作圆弧曲线和扇形曲线，如图4-9所示。

Creation Method（创建方式）

Creation Method（创建方式）面板如图4-10所示。

图4-9 Arc（弧）

图4-10 创建方式

End-End-Middle（端点—端点—中央）：先引出一条直线，以直线的两端点作为弧的两端点，然后确定弧长。

Center-End-End（中间—端点—端点）：由线段的一个端点引出，到另一个端点结束。

Radius（半径）：设置弧的半径。

From（从）/To（到）：设置弧度开始和结束的位置。

Pie Slice（扇形切片）：创建封闭的扇形。

Reverse（反转）：将弧形方向反转。

6 Donut（同心圆）

制作同心圆环，如图4-11所示。

Radius（半径）：设置圆环半径大小。

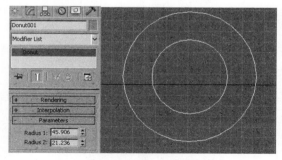

图4-11 Donut（同心圆）

7 NGon（多边形）

可以制作正多边形、圆角多边形和任意多边形，如图4-12所示，NGon（多边形）参数如图4-13

所示。

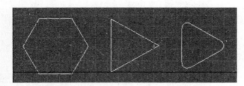 

图4-12 NGon（多边形）　　　　图4-13 NGon（多边形）参数

Radius（半径）：多边形半径大小。

Inscribed/Circumscribed（外切/内切）：确定以外切圆半径还是以内切圆半径作为半径。

Sides（边）：设置多边形的边数。

Corner Radius（角半径）：制作圆角多边形，设置圆角半径大小。

Circular（圆形）：设置多边形为圆形。

8 Star（星形）

创建多角星形，如图4-14所示，Star（星形）参数如图4-15所示。

 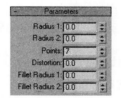

图4-14 Star（星形）　　　　图4-15 Star（星形）参数

Radius1/Radius2（半径1/半径2）：分别设置星形的内径和外径。

Points（点）：设置星形的尖角个数。

Distortion（扭曲）：设置尖角的扭曲度。

Fillet Radius1/Fillet Radius2（圆角半径）：分别设置尖角的内外圆角半径。

9 Text（文字）

创建三维文字模型，如图4-16所示，Text（文字）参数如图4-17所示。

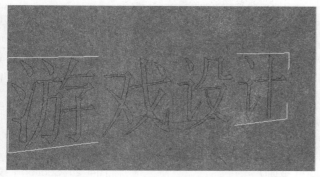

图4-16 Text（文字）

图4-17 Text（文字）参数

Size（大小）：设置文字的大小。

Kerning（字距）：设置文字间距。

Leading（行距）：设置行与行间距。

Text（文本）：输入文本区。

10 Helix（螺旋线）

Helix（螺旋线）绘制效果如图4-18所示，参数面板如图4-19所示。

Radius1（半径1）：设置螺旋上端半径。

Radius2（半径2）：设置螺旋下端半径。

Height（高度）：设置螺旋高度。

Turns（圈数）：设置圈数。

Bias（变向）：偏向某一端变形剧烈。

CW/CCW：顺时针/逆时针旋转。

图4-18 Helix（螺旋线）

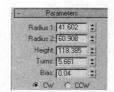

图4-19 Helix（螺旋线）参数

11 Section（截面）

通过截取三维造型的剖面而获得二维图形，如图4-20所示，Section（截面）参数如图4-21所示。

图4-20 Section（截面）　　　　　　　　　图4-21 Section（截面）参数

Create Shape（创建图形）：创建一个平面，通过这个平面的对象会产生一个二维截面线段。

When Section Moves（当截面移动）：在移动截面的同时更新视图。

When Section Selected（当截面被选择时）：只有在选择截面时才进行视图更新。

Manually（手动）：通过按下其下的Update Section（更新区域）按钮进行更新。

Section Extents（截面扩展）：设置截面的影响范围。

Infinite（无限）：截面所在的平面无界限的扩展，只要经过此截面的物体都被截取，与视图显示的截面尺寸无关。

Section Boundary（截面边界）：以截面所在的边界为限，凡是接触到它边界的造型都被截取，否则不会受影响。

Off（关闭）：关闭截面的截取功能。

4.2 二维线段的修改

4.2.1 修改类型

在创建一条曲线后，可以使用修改面板的Editable Spline（可编辑样条线）功能修改二维线段。修改功能分为以下几个类型。

Vertex（顶点）：以曲线上的顶点作为最小单位进行编辑，如图4-22所示。在选择点上按下鼠标右键会弹出快捷菜单，其中包含4种编辑曲线的模式，如图4-23所示。

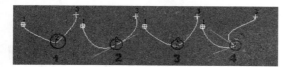

图4-22 顶点曲线控制　　　　　　　图4-23 快捷菜单

① Bezier Corner（贝兹角）：通过两个调节手柄控制尖角旁的曲线弧度。

② Bezier（贝兹）：通过两个调节手柄控制曲线弧度。

③ Corner（直角）：设置顶点为直角。

④ Smooth（平滑）：没有控制柄，强制曲线自动平滑。

✂ Segment（分段）：以曲线的线段作为最小单位进行编辑。

⌢ Spline（样条线）：以曲线为最小单位进行编辑。

复制曲线：单击选择曲线使之变红，按下Shift键同时拖动鼠标，复制曲线。

4.2.2 修改功能

选择样条线，在修改面板中对其参数进行修改，如图4-24所示。

New Vertex Type（新建顶点类型）：当选择线，选择为Connect（连接）方式，并同时按下Shift键进行复制线段或线的操作时，所产生的线型为直线、贝兹曲线、平滑曲线。

Create Line（创建线）：在二维曲线内创建曲线。

Break（打断）：将顶点打断成两个点。

Attach（结合）：将其他的曲线结合进来。

Attach Mult（多项结合）：将多条曲线结合进来。

Cross Section（交叉连接）：在同一条曲线内，将2个顶点数目、位置相同的子曲线进行连接，如图4-25所示。

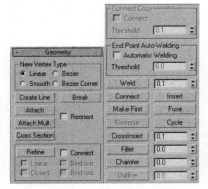

图4-24 Geometry（几何体）

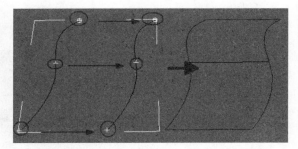

图4-25 Cross Section（交叉连接）

Refine（优化）：在线段上添加单一的点，如图4-26中 refine1所示。若同时选择Connect（连接）和Closed（封闭）选项，单击Refine（优化）按钮依次连接曲线，取消Refine（优化）后自动封闭曲线，如图4-26中的refine2所示。

选择Linear（线性）选项，建立直线连接曲线，如图4-26中的refine3所示。

选择Connect（连接）选项，建立平滑曲线连接线。如图4-26中的refine4所示。

勾选Bind first（绑定开始），建立绑定连接线，如图4-26中的refine5所示。当移动线段时，绑定点将随之移动；勾选Bind last（绑定最后点），建立绑定连接线，如图4-26中的refine6所示。当移动线段时，绑定点将随之移动。

Connect Copy（连接复制）：将选择线变红，同时选择Connect（连接）选项，按住Shift键并向上移动鼠标，复制出另一条曲线，两条线间生成新的连接线段，如图4-27所示。

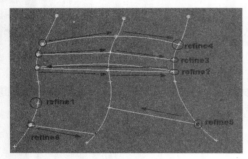

图4-26 Refine（加点）

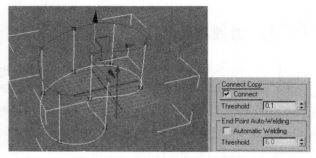

图4-27 Connect Copy（连接复制）

End Point Auto-Welding（端点自动焊接）：选择Automatic Welding（自动焊接）选项，建立新曲线的开始点会与已建立曲线的末点自动焊接。图4-28中A线段为没有勾选Automatic Welding（自动焊接）选项创建的，曲线是断开的状态。图4-28中B线段为选择了Automatic Welding（自动焊接）选项后，与原来曲线自动焊接成一条曲线。Threshold（阈值）为焊接距离值，在一定距离内曲线自动焊接。

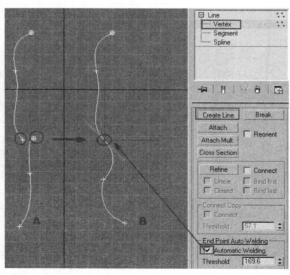

图4-28 End Point Auto-Welding（端点自动焊接）

Weld（焊接）：将两个点结合成一个点。数值为焊接距离，数值越大焊接点的范围越大，如图4-29所示。

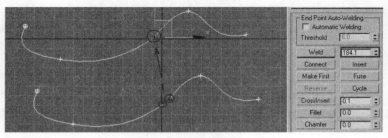

图4-29 Weld（焊接）

Connect（连接）：将开始点和结束点进行连接，中间会自动形成连接线，如图4-30所示。

Insert（插入）：可在线段上不断添加新点，如图4-31所示。

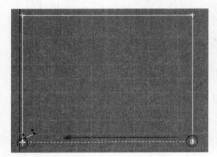

图4-30 Connect（连接）

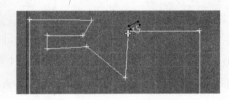

图4-31 Insert（置入点）

Make First（设为首顶点）：将指定的点设置为开始点，如图4-32所示。

Fuse（融合）：将多个点融合在一起，但不是结合在一起，如图4-33所示。

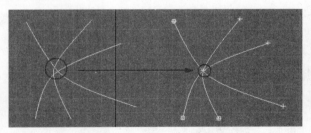

图4-33 Fuse（融合点）

图4-32 Make First（创建开始点）

Reverse（反转）：将开始点和结束点相互颠倒。

Cycle（循环）：用于点的选择，在视图中选择一个点后，单击此选项可以将顶点逐个进行切换。

CrossInsert（相交）：单击该按钮后，在两条相交的曲线交叉处单击，将在这两条曲线上分别增加一个交叉点，但这两条曲线必须在同一个曲线对象上。

Fillet（圆角）/Chamfer（切角）：设置直角点为圆角、切角效果，如图4-34、图4-35所示。

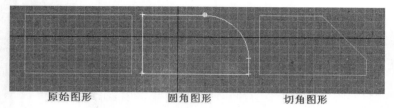

原始图形   圆角图形   切角图形

图4-34　Fillet（圆角）/Chamfer（切角）效果   图4-35　参数设置

Outline（轮廓）：在当前的曲线外增加轮廓线。数值为正值时曲线外扩，数值为负值时曲线内缩，如图4-36所示。

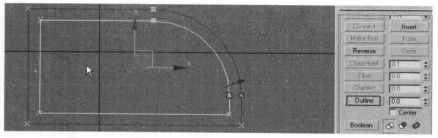

图4-36　Outline（轮廓）

Boolean（布尔运算）：将二维曲线进行相互计算。

：相加。将两条曲线进行相加，如图4-37中A+B所示。

：相减。将两条曲线进行相减，如图4-37中A-B所示。

：相交。将两条曲线进行相交。如图4-37中A*B所示。

Mirror（镜像）：　　　　　　　　　选择Copy选项，可对曲线进行水平、垂直、对角镜像复制，如图4-38所示。

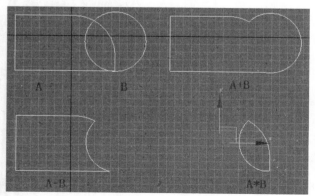

图4-37　Boolean（布尔运算）

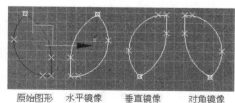

原始图形　水平镜像　垂直镜像　对角镜像

图4-38　Mirror（镜像）

Trim /Extend（修剪/扩展）：对在同一物体内的重叠线段，可以直接剪去交叉后的线段。扩展时将剪后的线段进行延伸，如图4-39所示。

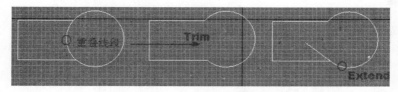

图4-39 Trim /Extend（修剪/扩展）

Tangent（Copy/Paste）（切角（复制/粘贴））：复制/粘贴控制手柄。复制选定点的控制手柄，然后粘贴在另一个点的控制柄上，如图4-40所示。

Hide（隐藏）/Unhide All（取消隐藏全部）：隐藏或显示所选择的点、线。

Bind（绑定）：改变绑定点（黑色显示）的绑定位置。

Unbind（解除绑定）：将绑定的点解除绑定，如图4-41所示。

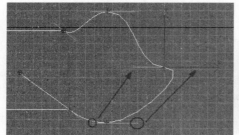

图4-40 复制/粘贴控制柄

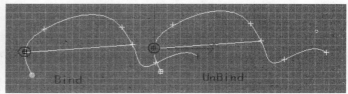

图4-41 Bind /Unbind（绑定/解除绑定）

Delete（删除）：删除选择的曲线。

Divide（细分）：将选择的线细分成指定的段数。

Detach（分离）：将选择的线段分离出去。

Explode（炸开）：将选择的曲线炸开成独立的线段。

4.3 样条线的旋转放样

旋转放样是将一个二维截面图形通过Lathe（旋转）命令产生出三维模型的操作，在动画制作中常用于制作柱子、瓶子或酒杯等。

1 创建截面

在前视图中创建一条二维样条线，并在修改面板中选择Edit Spline（编辑样条线）命令，调整节点的位置和形状，使之如图4-42所示。

2 旋转放样

在修改面板中为线段添加Lathe（车削）命令，其参数如图4-43所示。

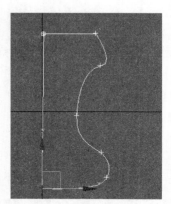

图4-42 创建截面线段   图4-43 Lathe（旋转）命令参数

Degrees（角度）：设置对象的旋转角度。

Weld Core（焊接内核）：对轴心重合的顶点进行焊接精简，得到平滑的无缝模型。

Flip Normal（翻转法线）：将模型表面的法线方向反向。

Segments（分段）：设置旋转圆周上的片段划分数。

Cap Start/End（封口始端/封口末端）：打开或关闭物体的盖。

Direction（轴向）：设置以不同的X、Y、Z坐标作为轴向。

Align（对齐）：设置轴心与图形的对齐方式，分为Min（最小）、Center（中心）和Max（最大）
三种，如图4-44所示。

Output（输出）：输出模型为面片、网格或NURBS类型。

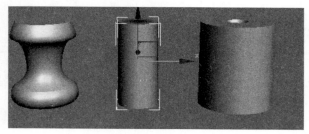

图4-44 不同的对齐方式

4.4 样条线的合成放样实例

4.4.1 ▶ Surface曲面建模

步骤1 执行File> Reset（文件>重置）菜单命令，恢复场景的初始设置，在创建面板中单击Circle（圆形）创建一个圆形，如图4-45所示。

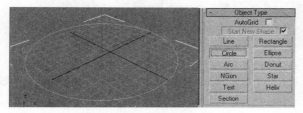

图4-45 创建Circle（圆形）

步骤2 将圆形转化为Editable Spline（可编辑样条线），并选择Connect（连接）选项连接曲线，如图4-46所示。

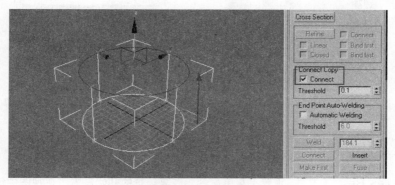

图4-46 Editable Spline（可编辑样条线）

步骤3 按住Shift键的同时移动曲线，拉伸曲线如图4-47所示。

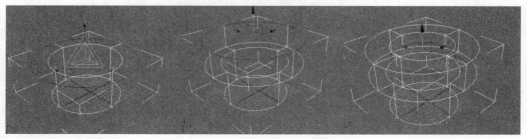

图4-47 拉伸曲线

步骤4 在修改面板中添加Surface（曲面），注意要保证线段围成的图形为三边面或四边面，同时点和点之间要尽量地接近。勾选Flip Normals（翻转法线）选项形成模型，如图4-48所示。

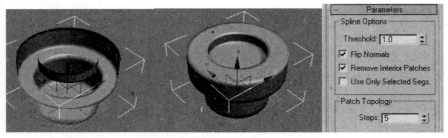

图4-48 添加Surface（曲面）

步骤5 调整Steps（步幅）数值为1，精简面数，如图4-49所示，可通过Polygon Count（多边形数量）查看面数，如图4-50所示。

 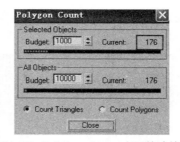

图4-49 设置Steps（步幅）值为1　　图4-50 Polygon Count（面数计算）

4.4.2 Loft放样建模

步骤1 执行File> Reset（文件>重置）菜单命令，恢复场景的初始设置，在视图中创建一个截面图形Circle（圆），如图4-51所示。

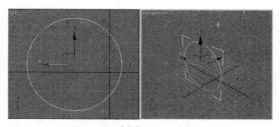

图4-51 创建Circle（圆）

步骤2 选择截面图形，通过鼠标右键菜单将圆转换为Editable Spline（可编辑样条线），调节圆的形状，然后按住Shift键并拖动鼠标，复制出1个圆，如图4-52所示。

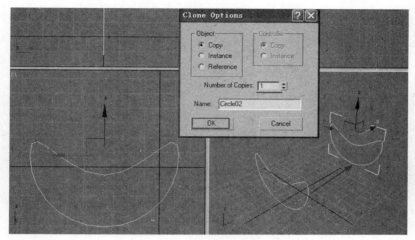

图4-52 复制圆

步骤3 创建一条路径曲线，曲线可以制作成任意形状，如图4-53所示。

图4-53 创建曲线

步骤4 选择路径，在创建面板中选择合成对象中的Loft（放样）。单击Get Shape（拾取图形）按钮并拾取左边的截面1，如图4-54所示。

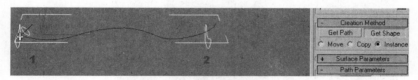

图4-54 拾取图形1的截面

步骤5 将Path（路径）值调节为100，然后单击Get Shape（拾取图形）按钮并拾取右边的截面2，形成放样模型，如图4-55所示。

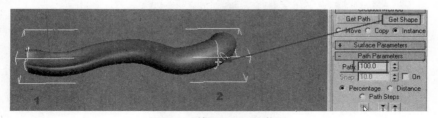

图4-55 拾取图形2的截面

步骤6 在视图中创建一个方形截面曲线，调整到物体中间，如图4-56所示。

步骤7 将Path（路径）值调节为50，然后单击Get Shape（拾取图形）按钮并拾取方形截面曲线，如图4-57所示。

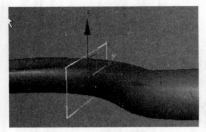

图4-56 创建方形截面

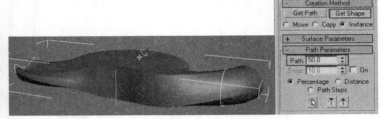

图4-57 拾取方形截面

步骤8 展开Loft（放样）修改列表，其中包含Shape（图形）和Path（路径）类型。Shape（图形）是调节截面形状的，如图4-58所示，将截面单击变红，利用旋转工具旋转截面，会发现整个形体发生变化。

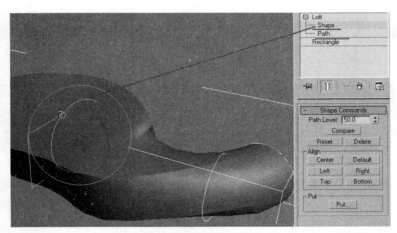

图4-58 调整方形截面

步骤9 Path（路径）是调节物体变形曲线的，可以通过Line（线）调整变形的路径，如图4-59所示。

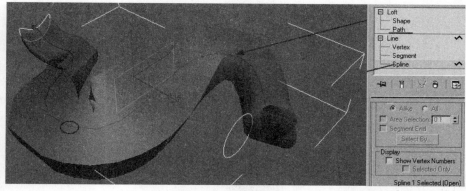

图4-59 调整放样路径

本章总结与思考练习

本章主要讲解了二维曲线的创建和修改，还讲解了放样路径的制作和修改方法。利用这些命令可以很容易地制作出各种模型，如鞋带、牙膏、窗帘等。

简答题:

1. 样条曲线一共有几种类型?（分别列出）

2. 如何设置样条曲线为可渲染?

3. 如何修改二维线段的曲度?

4. 如何在线段上加点?

5. 放样路径和放样截面有什么区别?

操作题:

1. 练习二维曲线的创建方法，并且能够修改和转换曲线。

2. 利用放样制作出各种不同的模型，如窗帘、筷子等。

3. 利用旋转放样制作出轮胎、酒瓶等模型。

第5章 动画道具建模实例

5.1 宝箱的制作

本节我们来制作一个宝箱模型，最终效果如图5-1所示。

图5-1 宝箱效果图

5.1.1 制作箱子的边

步骤1 在透视图中创建一个Box（立方体），在修改面板中修改Box（立方体）的参数如图5-2所示。

图5-2 创建Box（立方体）

步骤2 选择立方体，单击鼠标右键，在弹出的菜单中选择Convert To>Convert To Editable Poly（转换>转换为可编辑多边形）命令，如图5-3所示。

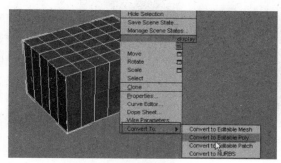

图5-3 转换为可编辑多边形

步骤3 选择移动工具，在立方体上选择一组Vertex（顶点），在按下Alt键的同时移动点，调整位置，然后旋转视图，调整箱子后面的顶点，并删除上面一些无用的顶点，如图5-4所示。

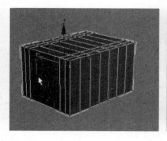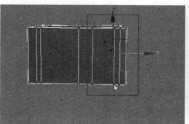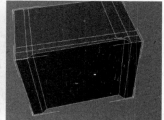

图5-4 调节与删除点

步骤4 进入Edge（边）级别，选择不需要的线段，并单击Remove（移除）按钮移除线段。选择

Vertex（顶点）级别，选择剩余的游离点，单击Remove（移除）按钮移除这些点，如图5-5所示。

图5-5 移除不需要的边和游离的点

步骤5 将箱子侧面的顶点调节为边缘的效果，单击 ■ （面）子层级按钮，并选择箱子侧的面。单击选择Extrude（挤出）命令，在弹出的对话框中设置参数挤出箱子的厚度，如图5-6所示。

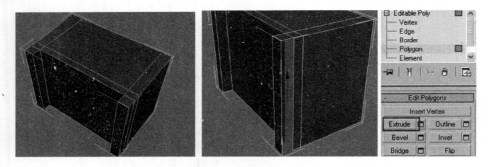

图5-6 挤出箱子的边缘

步骤6 进入Edge（边）子对象层级，选择箱侧的面，选择Connect(连接边)命令，系统会自动在这几条边上创建直线。将新建的线段向下移动，在面级别下选择新围成的面，并挤出。选择挤出边的侧面，删除要对接的两个面。选择Target Weld(目标焊接)命令，将要对接的部分连接起来，如图5-7所示。

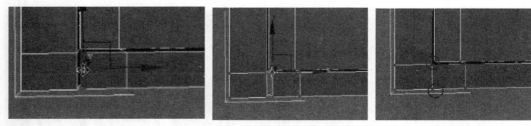

图5-7 将边缘上的点进行焊接

5.1.2 ▶ 制作箱体

步骤1 选择箱子的顶面，并选择Extrude（挤出）命令，在弹出的对话框中将数值设置为负向下挤出，制作出箱子的深度，然后选择箱子内部的面，将其删除。对箱子的上部也进行挤出操作，如图5-8所示。

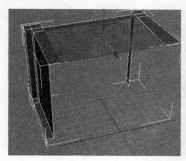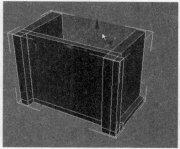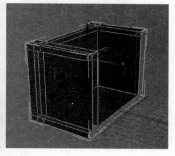

图5-8 挤出内侧面，并将侧面删除

步骤2 在顶端边缘下再次使用Connect（连接）功能，添加两条线段，为箱子增加边缘的光滑度，如图5-9所示。

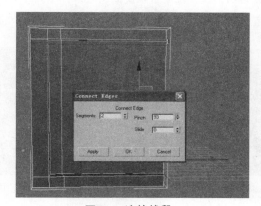

图5-9 连接线段

步骤3 使用Extrude（挤出）的方法将箱子正面的上、下两边进行挤出，然后选择Target Weld(目标焊接)命令，将上下边缘与侧面边缘相对接。接下来还要用Extrude（挤出）命令将宝箱的两侧面向内挤出，如图5-10所示。

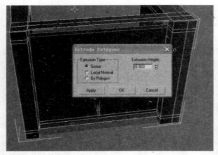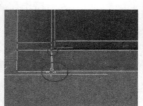

图5-10 挤出边缘和侧面

步骤4 在修改面板中加入MeshSmooth（网格平滑）功能，对对象进行平滑处理，如图5-11所示。

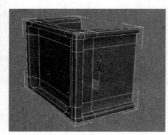

图5-11 添加MeshSmooth（网格平滑）

步骤5 对对象进行平滑处理后，我们发现宝箱侧面的效果并不好（见图5-12），这是因为对象的片段数不够，所以要继续添加宝箱侧面的段数（见图5-13）。

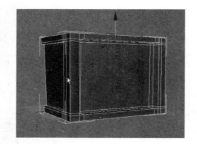

图5-12 添加段数前　　　　　　　　图5-13 添加段数后

5.1.3 ▶ 制作箱盖 ▼

步骤1 关闭修改面板中MeshSmooth（网格平滑）前面的显示效果，回到编辑多边形级别并选择面，制作宝箱的顶盖。选择Line（线）工具创建一条二维曲线，然后选择一个面（可以同时按下键盘的Ctrl键加选面），单击Extrude Along Spline（沿样条线挤出）按钮，在视图中拾取这条路经曲线，模型就会按照曲线方向进行挤出，如图5-14所示。

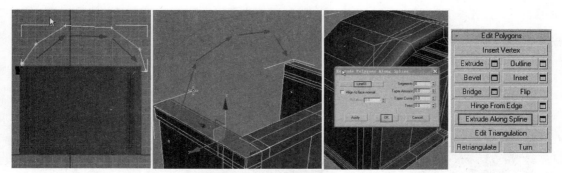

图5-14 拾取路经曲线进行挤出

步骤2 选择Ignore Backfacing（忽略背面）选项，取消背面选择，然后选择面，使用Extrude（挤出）命令挤压出箱盖的凹槽，如图5-15、图5-16所示。

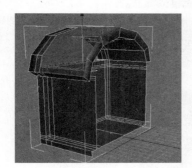

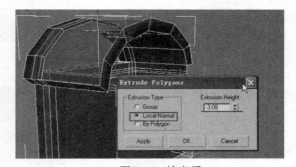

图5-15 挤出前　　　　　　　　　　　　　　图5-16 挤出后

步骤3 选择点，将点与点进行Weld（焊接），删除侧面上没用的面，然后在修改面板中选择Symmetry（对称）修改器，指定对称的轴向，复制出另一半的箱子，如图5-17、图5-18所示。

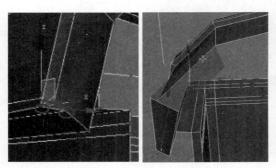

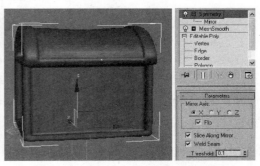

图5-17 焊接点与删除面　　　　　　　　　　图5-18 Symmetry（对称）复制

步骤4 选择竖向的边，并单击Connect（连接）按钮连接出一条线，开始制作绑带。选择新建立出来的竖向的边，并单击Create Shape From Selection（从选择部分创建图形）按钮，如图5-19、图5-20所示。

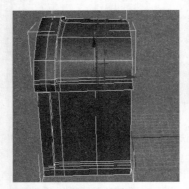
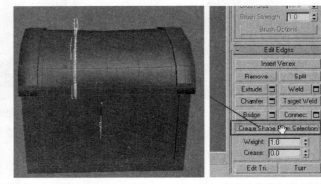

图5-19 连接线段　　　　　　　　　图5-20 Create Shape From Selection（在选择部分创建曲线）

步骤5 选择显示选项（见图5-21），将对象实体显示出来，并且设置可渲染状态。同时选择Rectangular（矩形）选项，设置绑带的大小比例。

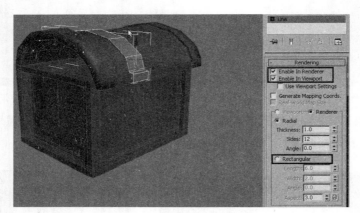

图5-21 设置可渲染状态

步骤6 将绑带转换为Editable Poly（可编辑多边形），选择竖向的边并用Connect（连接）命令连接，将绑带划分出一条线段，然后使用Bevel（倒角）命令向内挤出箱子的凹槽部分，如图5-22、图5-23所示。

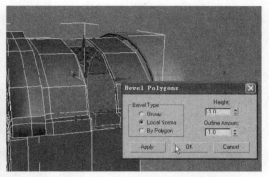

图5-22 Connect（连接）出线段　　　　　　图5-23 Bevel（倒角）向内挤出面

步骤7 在顶点子对象层级下，调节点的位置使箱子的质感看起来更柔软，如图5-24所示。接着制作箱子的纽扣，在创建面板中创建一个圆环，并进行旋转复制，将纽扣摆放到正确位置，如图5-25所示。

图5-24 调整箱子的柔软度　　　　　　图5-25 创建纽扣

步骤8 使用Cut（修剪）工具划分出箱子前面的形状，使用Bevel（倒角）命令挤出箱子前面的凸起部分，如图5-26、图5-27所示。

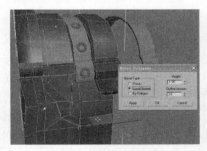

图5-26 修剪出凸起的面　　　　　　图5-27 挤出凸起的面

经过细致的调整，宝箱的制作到此结束。

5.2 欧式柱子的制作

下面我们来介绍如何使用建模命令制作简单的欧式柱子，完成的柱子效果如图5-28所示。

图5-28 欧式柱子效果图

步骤1 在创建面板中选择 Line（线）工具，在视图中创建一个Circle（圆形）的二维曲线，单击鼠标右键，在弹出的快捷菜单中选择Convert to Editable Spline（转换为可编辑样条线）命令转换曲线，如图5-29所示。

步骤2 在视图中创建一个较小的圆形二维曲线，如图5-30所示。

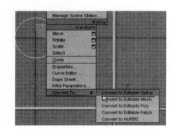

图5-29 转换曲线

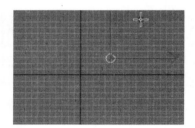

图5-30 创建圆形曲线

步骤3 选择小圆，在 （层级）面板中单击Affect Pivot Only（仅影响轴）按钮将其开启，将小圆的轴心点移动到大圆的中心上，然后关闭Affect Pivot Only（仅影响轴）选项，如图5-31所示。

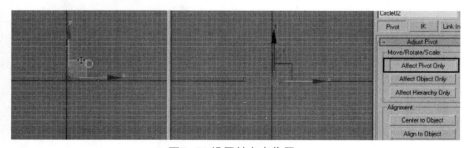

图5-31 设置轴心点位置

步骤4 选择小圆，执行Tools > Array（工具 > 阵列）菜单命令，如图5-32所示。

图5-32 选择Array（阵列）命令

步骤5 在弹出的Array（阵列）对话框中设置旋转角度为Z轴，数值为15。设置复制类型为Copy（复制），数量为24（用360/15，即可计算出复制的个数），如图5-33所示。

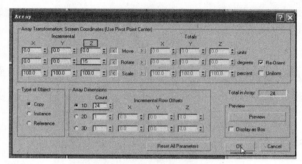

图5-33 Array（阵列）设置

步骤6 旋转复制后的效果如图5-34所示。在修改面板中执行Spline > Attach Mult（样条线 > 合并多项）命令，将小圆合并到大圆中，如图5-34所示。

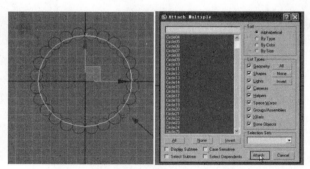

图5-34 Attach Mult（结合多项）

步骤7 先选择Spline（样条线）命令将大圆变为红色显示，选择（相减）模式，如图5-35所示，然后选择Boolean（布尔）命令逐个单击圆圈，对圆圈进行修，剪修剪结果如图5-36所示。

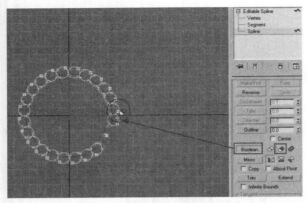

图5-35 Boolean（布尔运算）

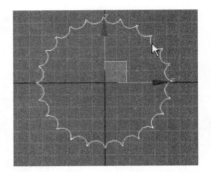

图5-36 Boolean（布尔）修剪结果

步骤8 选择修剪后的截面，执行Compound Objects > Loft > Get Path（复合对象 > 放样 > 获取路径）命令，在视图中单击路径曲线获取路径，如图5-37所示，放样结果如图5-38所示。

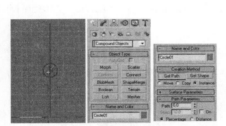

图5-37 拾取放样路径

图5-38 放样结果

步骤9 选择修改面板，执行Loft > Deformation > Scale（放样 > 变形 > 缩放）命令，弹出对话框（见图5-39），调节柱子左右两边的点。

当用鼠标右键单击顶点时，会弹出点的快捷控制选项Corner（直角）、Bezier-Smooth（贝兹平滑）和Bezier- Corner（贝兹角点）。调节后我们会发现柱子由粗到细进行变化。

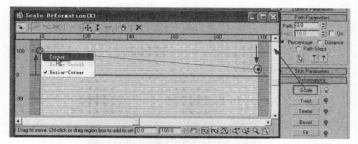

图5-39 Scale Deformation（缩放变形）

步骤10 创建顶面旋转曲线，并使用Lathe（旋转）修改器制作出欧式柱头，单击Line（线）下的 Vertex（顶点）子对象层级，同时单击 ⎡⎡（显示最终效果）按钮，调节柱头形状，如图5-40所示。

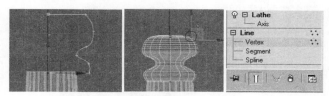

图5-40 Lathe（旋转）操作

步骤11 使用同样的方法旋转出底座。设置旋转的Segment（分段）参数，将底座制作为棱角模型，如图5-41所示。

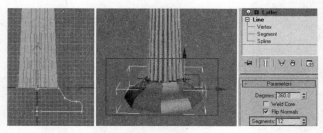

图5-41 Lathe（旋转）

步骤12 调整出柱头的棱柱效果，配合Shift键复制出多个柱子，最终效果如图5-42所示。

图5-42 最后完成效果

5.3 花瓶和酒杯的制作

1 **花瓶的制作**

最终效果如图5-43所示。

步骤1 选择Line（曲线）工具，在前视图中创建花瓶的截面曲线，然后使用Refine（优化）工具在曲线上加点，如图5-44、图5-45所示。

图5-43 花瓶的效果图

图5-44 创建截面曲线

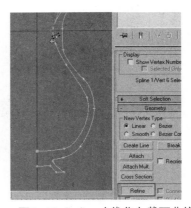

图5-45 Refine（优化）截面曲线

步骤2 在修改面板中选择Lathe（旋转）修改器，旋转出花瓶模型（如果发现花瓶是反向的，可以选择Flip Normals（翻转法线）选项，将其反转成正常状态）。通过Line（线）里面的Vertex（顶点）层级调整花瓶的形状，如图5-46所示。

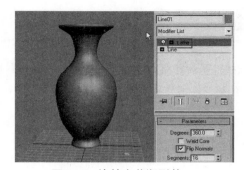

图5-46 旋转出花瓶形状

2 **酒杯的制作**

步骤1 在视图中创建酒杯的二维轮廓曲线。在修改面板中选择Lathe（旋转）修改器，旋转出酒杯模型，如图5-47所示。

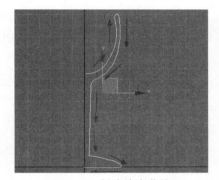

图5-47 创建轮廓曲线

图5-48 Lathe（旋转）

步骤2 选择Line（线）中的Vertex（顶点）层级，单击鼠标右键，在弹出的菜单中选择Smooth（平滑）功能，让二维曲线的折角部分实现平滑的效果。最终的完成效果如图5-48所示。

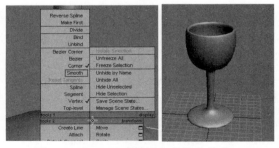

图5-49 Smooth（平滑）曲线上的点

本章总结与思考练习

　　本章主要讲解了宝箱、欧式柱子、花瓶和酒杯等游戏物品的制作方法，在制作中运用了很多的基本造型命令，读者需要通过不断的练习才能熟练地掌握这些命令。

简答题：

1. 如何转换多边形？

2. 如何删除无用的点而不会删除面？

3. 对称复制的命令是什么？

4. 如何调整平滑后的物体形状？

5. 如何从面上提取线段？

6. 如何创建面和焊接点？

7. 如何调出放样后的Deformation（变形）面板？

操作题：

1. 结合以上的实例制作方法制作碗或台灯等模型。

2. 结合以上实例制作方法设计制作皮包的模型。

◇ 第6章 动画场景建模实例

　　本章将重点讲解动画场景中的一些常见建筑模型制作方法，其中包括蒙古帐篷、古代将军府和欧式古堡这3种极具代表性的建筑。建筑的构成是有一定规律性的，即使外貌差别巨大，但总能按其结构拆分为多个单体，因此只要掌握了基本的建筑建模方法，就能通过摸索，制作出更为复杂的模型。

6.1 蒙古帐篷的制作

　　步骤1 在Top（顶）视图中创建一根NGon（N多边形）样条线，设置如图6-2所示。

图6-1 蒙古帐篷效果图

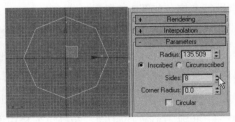

图6-2 设置多边形的边数

步骤2 单击鼠标右键，在弹出的快捷菜单中选择Convert to Editable Spline（转换为可编辑样条线）命令，将多边形转换为可编辑样条线，如图6-3所示。

步骤3 在Editable Spline（可编辑样条线）修改器下找到Spline（线段）子级别，在视图中选择线段，如图6-4所示。

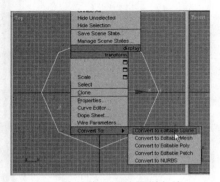 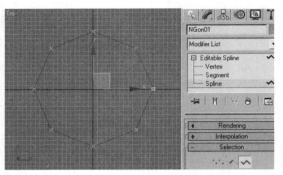

图6-3 转换为可编辑样条线 图6-4 Editable Spline（可编辑样条线）

步骤4 在Connect Copy（连接复制）面板中选择Connect（连接）选项，在工具栏上选择 ▣ （放缩）工具，在视图中将线向内收缩，同时节点间会自动连接上样条线。继续进行多次缩放，效果图6-5所示。

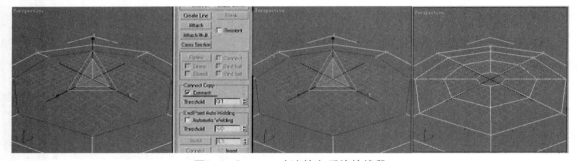

图6-5 Connect（连接）后缩放线段

步骤5 在工具栏上选择 ✓² （二维捕捉）工具，然后单击选择Create Line（创建线）命令，将线段中间部分的点进行连接，如图6-6所示。

步骤6 单击选择CrossInsert（相交）命令，在交叉的连接线上建立点，如图6-7所示。

步骤7 选择交叉的点，用Fuse（熔合）命令将这几个点进行熔合，如图6-8所示。

步骤8 在修改面板中添加Surface（曲面）命令，如图6-9所示。

步骤9 选择曲面上的点，并且向上移动点，如图6-10所示。

步骤10 在Patch Topology（面片拓扑）面板中设置Steps（步幅）值为0，取消帐篷的平滑效果，不产生过多的段数，如图6-11所示。

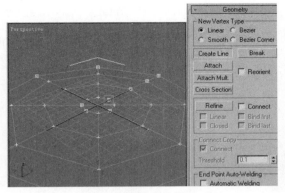

图6-6 创建连接线

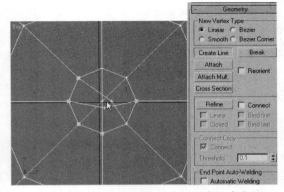

图6-7 CrossInsert（置入交叉点）

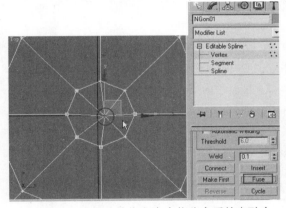

图6-8 用Fuse（熔合）命令将分离后的点融合

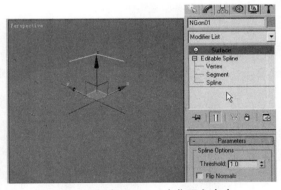

图6-9 添加Surface（曲面）命令

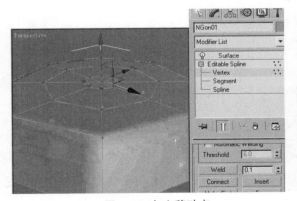

图6-10 向上移动点

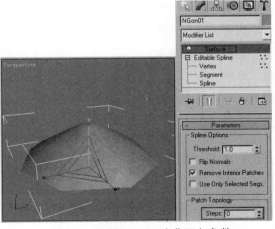

图6-11 设置Surface（曲面）参数

步骤11 选择帐篷对象，按下鼠标右键，在弹出的快捷菜单中选择Convert to Editable Poly（转换为可编辑多边形）命令，将帐篷转换为多边形对象。选择帐篷下方的一排点，使用放缩工具将点向中心收缩，如图6-12所示。

步骤12 选择对象底部的Edge（边），单击Ring（环形）命令按钮，将环绕一圈的边都进行选择，如图6-13所示。

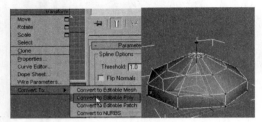

图6-12　将帐篷转换为多边形

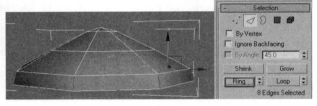

图6-13　Ring（环形）选择

步骤13 单击鼠标右键，在快捷菜单中选择Convert to Face（转换为面）命令，将已选择的边变成面，单击选择Detach（分离）命令，在弹出的对话框中取消所有选项的勾选，单击OK按钮，将新建的面分离成一个独立的对象，这是帐篷的围裙部分，如图6-14、图6-15所示。

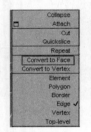
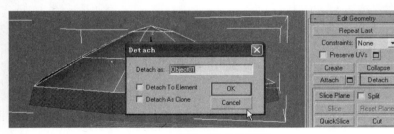

图6-14　转换为面　　　　　　　　　　　　　　　　图6-15　分离出面

步骤14 选择顶盖部分并向上移动，确认顶盖与围裙已经分离，如图6-16所示。

步骤15 选择独立出来的围裙，在Edit（编辑）菜单中找到Clone（克隆）命令，选择Copy（复制）选项复制出另一个围裙，在边级别下选择围裙的底边边框，按下Shift键并按Z轴方向进行移动，拉出新的面，如图6-17所示。

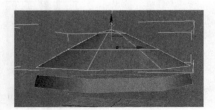
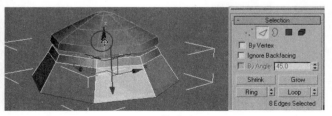

图6-16　移动顶盖　　　　　　　　　　　　　　　　图6-17　拉出底面

步骤16 将底部的围布向上移动，让顶部遮盖住底部，然后用Cut（修剪）命令划出门的边线，如图6-18所示。

步骤17 选择面，按下Delete键将其删除，如图6-19所示。

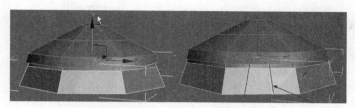

图6-18 划出门的边线

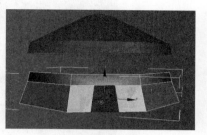

图6-19 删除面

步骤18 单击 Border（边框）按钮，选择帐篷上盖的边框线，并单击Cap（封口）按钮，将此线段变成封闭的曲线，如图6-20和图6-21所示。

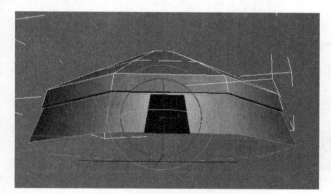

图6-20 选择上盖的边框线

图6-21 选择Cap封口命令

步骤19 单击选择Face（面）命令，选择封闭的面，单击Detach（分离）命令按钮将面进行分离，如图6-22所示。

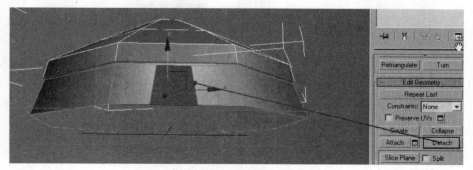

图6-22 Detach（分离）面

步骤20 移动底面，但此时底面是反向的，在工具栏上选择 工具，在对话框中选择Y轴向，将底面进行反向操作，如图6-23所示。

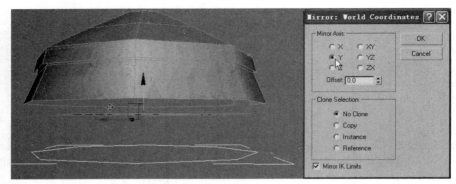

图6-23 镜像底面

步骤21 将翻转的底面向上移动，选择Cut（修剪）命令，将边上的点连接到对面的边上，如图6-24所示。

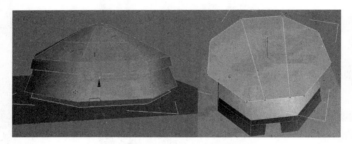

图6-24 Cut（修剪）连接线段

步骤22 选择较短的边，配合Shift键，同时单击 按钮拉出面，如图6-25所示。然后创建一条线段，并将线调整到合适的位置，制作出固定帐篷的麻绳的效果，如图6-26所示。

图6-25 移动出面

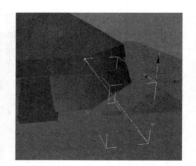

图6-26 创建线段

步骤23 在Rendering（渲染）面板选择Enable In Renderer（可渲染）和Enable In Viewport（视图

中显示）选项，如图6-27所示，线段将变为实体麻绳模型。对麻绳进行Clone（克隆）操作，复制出7个麻绳对象，并分别摆放到帐篷的8个角，如图6-28所示。

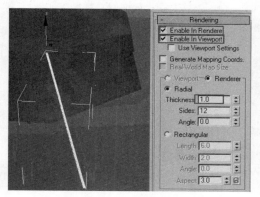

图6-27 设置可渲染属性

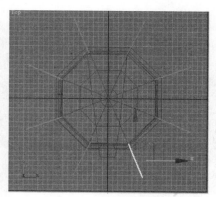

图6-28 Clone（克隆）麻绳

到此，蒙古帐篷模型的制作全部完成。

6.2 古代将军府的制作

古代将军府效果如图6-29所示。

6.2.1 ▶ 制作基础模型

步骤1 启动3ds Max软件，执行File>Reset（文件>重置）命令，重置当前场景文件，如图6-30所示。

图6-29 古代将军府效果图

图6-30 Reset命令

步骤2 在创建面板中选择Standard Primitives（标准基本体），在视图中创建一个Box（长方体），如图6-31所示。

步骤3 在新建的长方体上单击鼠标右键，在弹出的快捷菜单中选择Convert to Editable Poly（转换为可编辑多边形）命令，如图6-32所示。

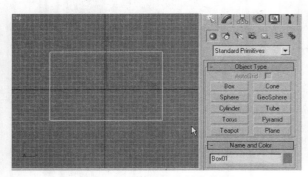

图6-31 创建Box（长方体）

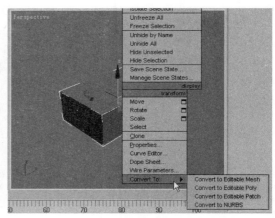

图6-32 转换为可编辑多边形

步骤4 进入修改面板，展开修改堆栈，选择Polygon（多边形）子层级，单击选择长方体的顶面，然后选择Bevel（倒角）命令进行拉伸，并设置Outline Amount（轮廓值）使面向外扩张，如图6-33所示。

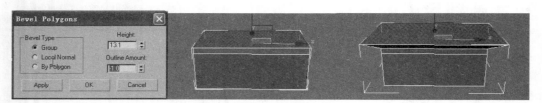

图6-33　Bevel（倒角）拉伸

步骤5 选择移动工具将面向下移动，单击Apply（应用）按钮确认操作，再次选择顶面，单击选择Bevel（倒角）命令并进行拉伸操作，单击Apply（应用）按钮确认，拉伸两次，效果如图6-34所示。

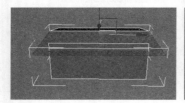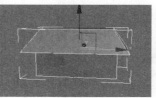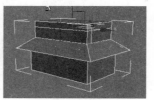

图6-34　Bevel（倒角）拉伸

步骤6 在工具栏上选择 ▣ （放缩）工具，在X轴上对面进行缩放，调整出房脊部分，如图6-35所示。

步骤7 进入Vertex（顶点）子层级，在对象上选择点，移动点调整出房脊的正面形状，如图6-36所示。

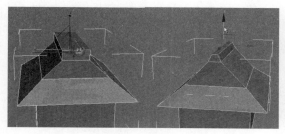

图6-35 调整出房脊

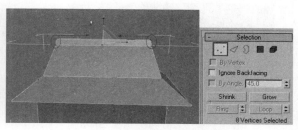

图6-36 调节房脊上的点

步骤8 进入Edge（边）子层级，选择屋檐上的其中一条边，单击选择Ring（环形）命令将四条边同时选择，如图6-37所示。

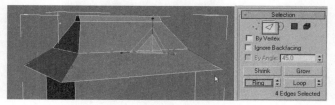

图6-37 选择屋檐上的边

步骤9 单击选择Connect（连接）命令，在弹出的对话框中将Segments（分段）值设置为1，如图6-38所示。

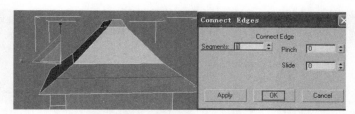

图6-38 在屋顶上用Connect（链接）命令连接线段

步骤10 选择连接出来的边，选择移动工具将边移动到如图6-39所示的位置，调整出屋顶边缘的厚度。

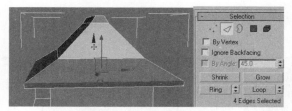

图6-39 调整边缘的厚度

步骤11 选择房檐下面的边，单击选择Loop（循环）命令同时选择四条边，并将边向下移动到如图6-40、图6-41所示的位置。

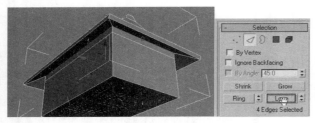

图6-40 选择四周的边

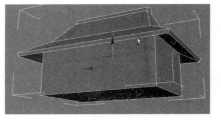

图6-41 移动边

步骤12 选择房檐一侧的面，然后选择Bevel（倒角）命令，在弹出的对话框中选择Local Normal（本地法线）倒角类型，设置Height（高度）值为0，制作出内侧的边，如图6-42和图6-43所示。

图6-42 选择面

图6-43 Bevel（倒角）拉伸

步骤13 倒角后的效果如图6-44所示。选择Cut（修剪）命令，按照图6-45所示的箭头方向将顶部的点向下连接。

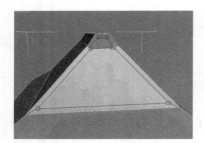

图6-44 倒角后的效果

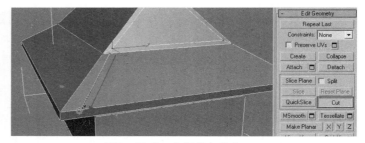

图6-45 Cut（修剪）命令

步骤14 选择斜角的边，单击选择Remove（移除）命令将多余的边去掉，同样选择屋檐的线段并移除），如图6-46所示。

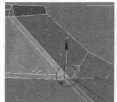

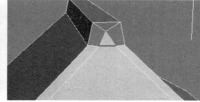

图6-46 Remove（移除）命令

步骤15 选择█ Face（面）子层级，再次单击选择Bevel（倒角）命令，在弹出的对话框中选择Local Normal（本地法线）选项，设置Height（高度）值为0，制作出向内的边，如图6-47所示。

步骤16 再次选择Bevel（倒角）命令，在对话框中选择Group（群组）选项以群组方向向内拉伸，如图6-48所示。

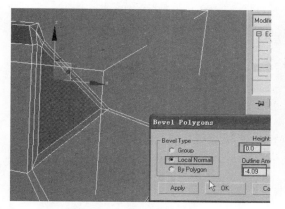 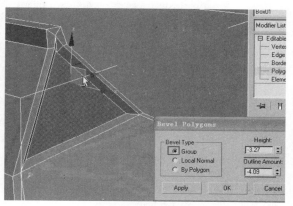

图6-47 Bevel（倒角）命令   图6-48 Bevel（倒角）命令

步骤17 选择屋檐边沿上的面，单击选择Extrude（挤出）命令进行拉伸，然后选择Cut（修剪）命令将对面的边沿连接，如图6-49、图6-50所示。

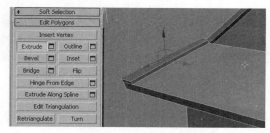 

图6-49 Extrude（挤出）拉伸边沿   图6-50 Cut（修剪）连接线段

步骤18 连线后，在Polygon（多边形）层级，选择对应的两个四边面，按下Delete键将这两个对应的面删除，如图6-51所示，然后切换到Vertex（顶点）子层级，选择Target Weld（目标焊接）命令将两个对应的点焊接起来，如图6-52所示。

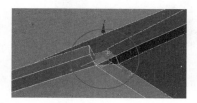 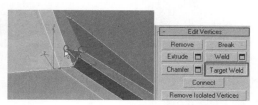

图6-51 删除对应面   图6-52 目标焊接点

步骤19　在Vertex（顶点）子层级下单击选择Cut（修剪）命令将房檐顶部的点向下连接（见图6-53），并横向连接线。

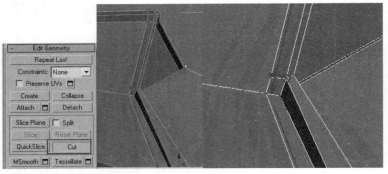

图6-53　按箭头方向进行Cut（修剪）

步骤20　在Face（面）子层级下，选择步骤19中用连线围成的屋檐角的面，用Bevel（倒角）命令拉伸出屋檐角，然后用Cut（修剪）工具在屋檐角中间添加连线，如图6-54和图6-55所示。

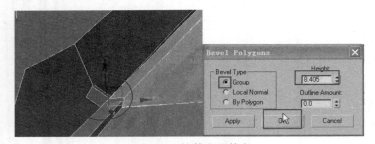

图6-54　拉伸出屋檐角

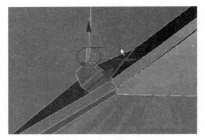

图6-55　添加连线

步骤21　用Cut（修剪）工具划分连线，箭头所指的红线为新增连线，如图6-56所示。

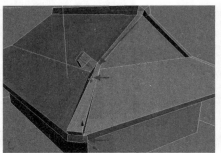

图6-56　用Cut（修剪）工具划分连线

步骤22　用Cut（修剪）工具将线段进行连接，然后单击选择Remove（移除）工具将多余的线段去掉，如图6-57、图6-58所示。

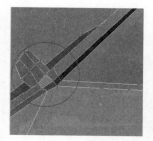

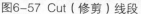
图6-57 Cut（修剪）线段　　　　　　　　图6-58 Remove（移除）多余线段

步骤23 选择面并进行Bevel（倒角）拉伸操作，拉伸时单击选择 （旋转）工具，调整拉伸的角度，
如图6-59所示。

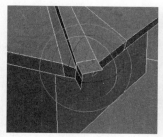
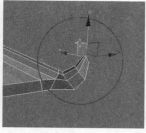
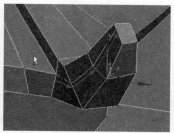

图6-59 Bevel（倒角）拉伸

步骤24 选择Cut（修剪）工具，按照图6-60所示红色箭头方向连接线段。进入Face（面)子层级，
选择房子右边的面，并按下Delete键将其删除，如图6-61所示。

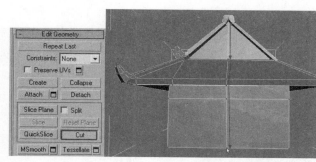

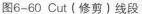
图6-60 Cut（修剪）线段　　　　　　　　图6-61 删除面

步骤25 将视图旋转到房子的正面，选择Cut（修剪）工具，按照图6-62中红色箭头方向连接线段。
选择左边的面并删除，删除面后，只留下房子的一个角，如图6-63所示。

步骤26 选择房脊上的面，单击选择Bevel（倒角）工具进行拉伸，如图6-64所示。

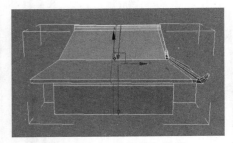

图6-62 Cut（修剪）线段

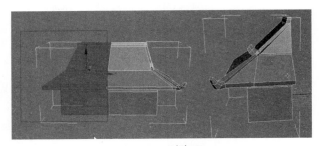

图6-63 删除面

步骤27 调整完成后，单击选择Symmetry（对称）命令，并选择Y轴向，这样可以很容易地复制出另一半房子，省去了再次调节的过程，如图6-65所示。

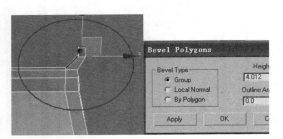

图6-64 Bevel（倒角）拉伸

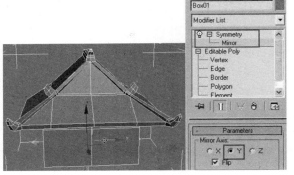

图6-65 添加Symmetry（对称）命令

步骤28 在修改面板中再次添加Symmetry（对称）命令，并选择X轴向，将房子正面的另一半复制出来，如图6-66所示。

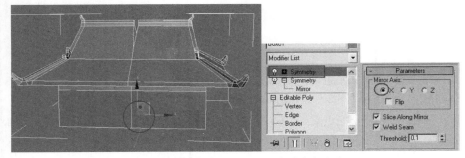

图6-66 再次添加Symmetry（对称）命令

步骤29 单击显示结果按钮，进入Vertex（顶点）层级，使用Cut（修剪）工具连线，制作出斜角的线段，如图6-67所示。

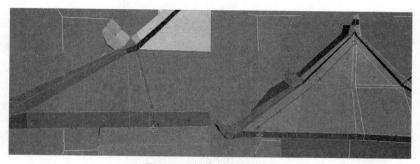

图6-67 制作斜角的线段

步骤30 单击选择Remove（移除）工具去除屋檐上多余的线段，这样能够节省面数，如图6-68所示。

步骤31 选择房子上的各个点，调整整个房子的形状，如图6-69所示。

图6-68 Remove（移除）多余线段

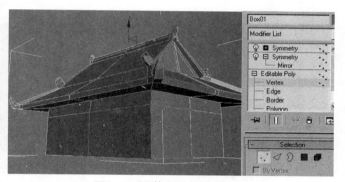

图6-69 调整房子的形状

6.2.2 制作其余部分

步骤1 执行Edit>Clone（编辑>克隆）命令，对房子进行复制操作，如图6-70所示选择底部房子的上半部分，按下Delete键将其删除。

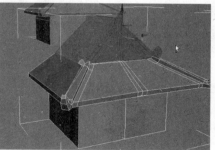

图6-70 删除部分模型

　　步骤2 进入Edge（边）子层级，选择房子开放部分上的边，按下Shift键的同时拖动■（缩放）工具会缩放出面，如图6-71所示。

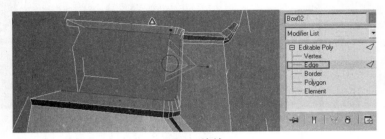

图6-71 缩放面

　　步骤3 在Vertex（顶点）子层级下调整房盖的形状，再复制出另一个房子，然后删除底部的面，如图6-72所示。

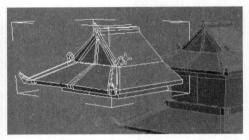

图6-72 调整屋盖上的点

　　步骤4 将步骤3中余下的屋盖移动到整体模型的房盖中间，调节点进行对接，形成新的房盖，然后将房盖前面的点向后进行调节，缩短房盖长度，如图6-73所示。

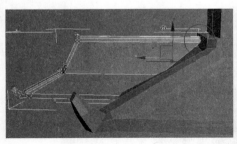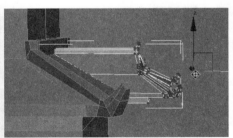

图6-73 调整房盖上的点

　　步骤5 选择创建面板，创建一个Cylinder（圆柱体），调节参数，并摆放到房角，执行Edit>Clone（编辑>克隆）命令，并选择Instance（实例）选项，复制出其他的柱子，然后再复制另外的几个柱子，将其旋转放置到立柱的中间，制作出横梁，如图6-74所示。

图6-74 复制柱体

步骤6 创建一个Plane（平面），参数设置如图6-75所示，然后对平面进行Clone（克隆）操作，并摆放到柱子上，制作成装饰物。

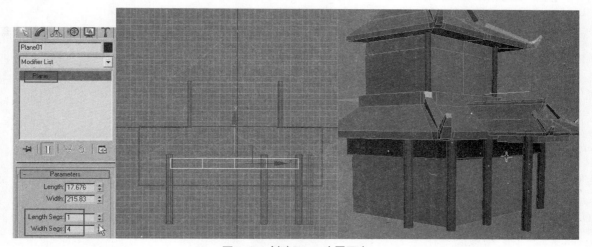

图6-75 创建Plane（平面）

步骤7 选择侧面门上下两条线段，并选择Connect（连接）命令，创建两条竖向线段。选择线段中间的面，单击选择Extrude（挤出）工具向内拉伸面，如图6-76和图6-77所示。

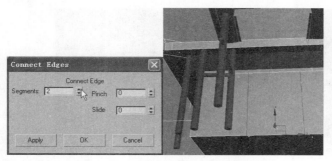

图6-76 Connect（连接）操作

图6-77 Extrude（挤出）操作

步骤8 选择正面门上下两条线段，并选择Connect（连接）命令，创建一条竖向线段。选择线段中间的面，单击选择Extrude（挤出）工具向内拉伸面，如图6-78和图6-79所示。

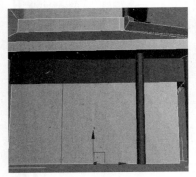

图6-78 Connect（连接）操作

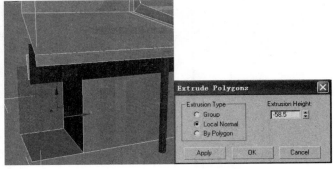

图6-79 Extrude（挤出）操作

步骤9 选择拉伸后内侧的面，将其删除，然后对剩下的3个面使用Detach（分离）命令，将面分离出整个房屋，形成单独的物体，如图6-80和图6-81所示。

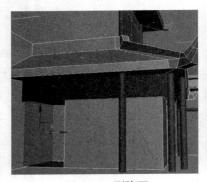

图6-80 删除面

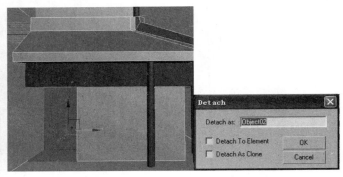

图6-81 Detach（分离）面

步骤10 对房盖进行Clone（克隆）操作，复制出新的房盖，然后通过创建面板创建一个Box（长方体），将其放在房子的底部，如图6-82和图6-83所示。

图6-82 Clone（克隆）房盖

图6-83 创建Box（长方体）

步骤11 在Front（前）视图中创建楼梯的二维曲线，单击选择Extrude（挤出）工具，拉伸出楼梯模型，如图6-84和图6-85所示。

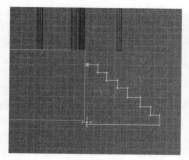

图6-84 创建楼梯曲线

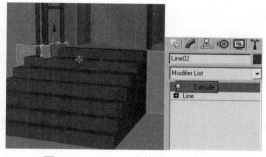

图6-85 Extrude（挤出）楼梯模型

步骤12 在Front（前）视图中创建楼梯栏板的二维曲线，单击选择Extrude（挤出）工具，拉伸出楼梯栏板模型，如图6-86和图6-87所示。

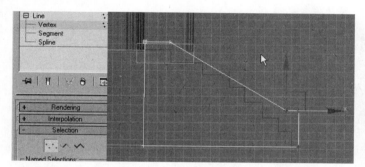

图6-86 创建栏板曲线

图6-87 Extrude（挤出）栏板模型

步骤13 在工具栏上选择 ▶️ （镜像）工具，对整个侧面的房子进行镜像复制。

到此，整个将军府的模型制作完成，模型效果如图6-88所示。

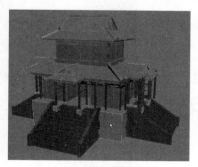

图6-88 完成模型

6.3　欧式古堡的制作

欧式古堡效果如图6-89所示。

步骤1 在视图中创建一个Cylinder（圆柱体），摆放到视图的中心。执行Convert to Editable Poly（转换为可编辑多边形）命令将圆柱体转换为可编辑多边形，如图6-90、图6-91所示。

步骤2 在Vertex（顶点）子层级下选择柱体中间的点，选择 ■ （缩放）工具将点向内进行收缩，然后在Face（面）子层级下选择柱体顶部上的面，选择Bevel（倒角）命令，在打开的面板中设置Height（高度）值为0，将Outline Amount（轮廓线）值调整为负数，制作出缩小的面，再次选择这个面，在Face（面）子层级下选择Extrude（挤出）命令，向下拉伸出城堡的缓台，如图6-92、图6-93所示。

图6-89 欧式古堡效果图

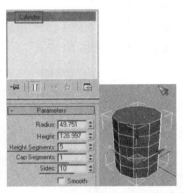

图6-90 创建Cylinder（圆柱体）

图6-92 缩放点

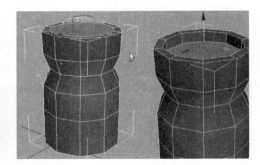

图6-93 Extrude（挤出）操作

图6-91 转换为可编辑多边形

步骤3 在Face（面）子层级下选择不同的面，通过Bevel（倒角）命令将Height（高度）值调整为0，将Outline Amount（轮廓线）值调整为负数，制作出缩小的面，如图6-94所示。

图6-94 Bevel（倒角）操作

步骤4 选择Extrude（挤出）命令，将选择的面向上拉伸制作出城墙。然后选择底部的面，也进行Extrude（挤出）操作，拉伸出门的部分，然后选择门的底面，按下Delete键将其删除，如图6-95和图6-96所示。

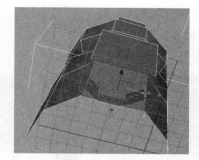

图6-95 拉伸门   图6-96 删除面

步骤5 进入Edge（边）子层级，选择门上的3条线段，单击Connect（连接）命令按钮，在打开的面板中设置Segments（分段）值为1，在门上添加一条线段，如图6-97所示。

图6-97 Connect（连接）操作

步骤6 使用Connect（连接）命令在门的横向方向上也连接出线段，选择Vertex（顶点）子层级，调整点的位置，然后选择Remove（移除）命令将红色的线段去除，如图6-98、图6-99和图6-100所示。

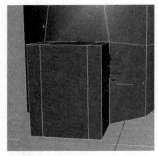 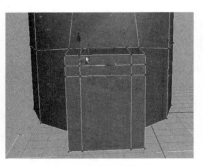 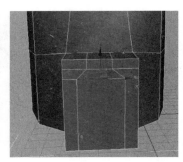

图6-98 Connect（连接）操作　　　　图6-99 调节点位置　　　　图6-100 Remove（移除）操作

步骤7 在Face（面）子层级下，如图6-101所示选择门上的面，进行Extrude（挤出）操作，然后选择拉伸后的底面，按下Delete键将其删除，如图6-102所示。

步骤8 如图6-103所示，删除门顶部多余的边和点，然后按顺序选择不同的面，制作窗户。选择Bevel（倒角）命令将面向内进行挤压，挤压方向为Local Normal（本地法线），设置Height（高度）值为0，调整Outline Amount（轮廓线）值为负数，再次选择Bevel（倒角）命令，将面向内进行挤压，挤压出窗户的深度，拉伸效果如图6-104所示。

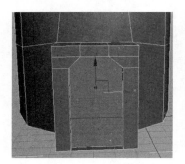 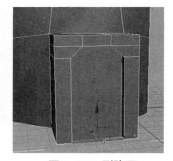

图6-101 Extrude（挤出）　　　　　　图6-102 删除面

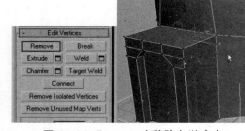 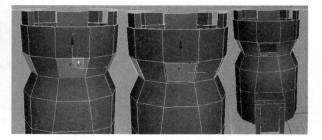

图6-103 Remove（移除）游离点　　　　图6-104 Bevel（倒角）操作

步骤9 选择城堡的底层进行Clone（克隆）操作，然后将复制出的底层向上移动，并将它缩小，作为城堡的第2层，如图6-105所示。然后创建一个Cylinder（圆柱体），并在修改面板中修改其参数，同时取消Smooth（平滑）选项的勾选，设置Sides（边）值为10，然后选择柱体，按下鼠标右键，在弹出的快捷菜单中选择Convert to Editable Poly（转换为可编辑多边形）命令，将柱体进行转换，如图6-106所示。

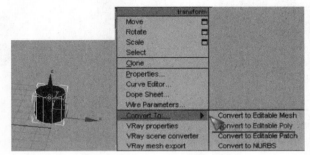

图6-105 Clone（克隆）操作　　　　　图6-106 转换为可编辑多边形

步骤10 在Face（面）的级别下，选择Bevel（倒角），将拉伸方向设置为Group（群组）方向，将Height（高度）值设置为0，将Outline Amount（外框线）调为正数，制作出新的面，如图6-107所示。

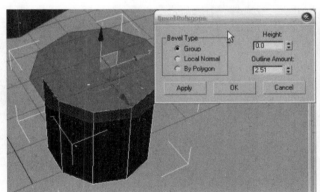

图6-107 Bevel（倒角）拉伸

步骤11 选择顶部的面，向内进行Bevel（倒角），将拉伸方向设置为Group（群组）方向，将Height（高度）值设置为0，将Outline Amount（轮廓线）调为负数，按住Ctrl键单击鼠标左键，按顺序选择面，选择Bevel（倒角）命令，对面进行拉伸，拉伸效果如图6-108所示。

步骤12 选择面，并按下移动工具将每个面都向外移动，同时将所有的顶面进行选择，然后选择□（缩放）工具将面进行缩放，如图6-109所示。

图6-108 Bevel（倒角）

图6-109 移动和缩放面

步骤13 选择内侧的面，并单击Bevel（倒角）命令，对面进行拉伸，拉伸法线为Local Normal（本地法线），再次选择面，重复上面的制作方法，单击Bevel（倒角）命令进行拉伸，拉伸形状如图6-110所示。

步骤14 创建塔的尖顶。在创建面板中选择Cone（圆锥），并且修改其参数，选择锥体并单击鼠标右键，在弹出的快捷菜单里面选择Convert to Editable Poly（转换为可编辑多边形），将锥体转换为可编辑多边形，如图6-111所示。

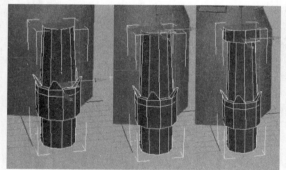

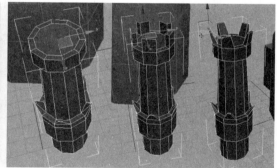

图6-110 Bevel（倒角）

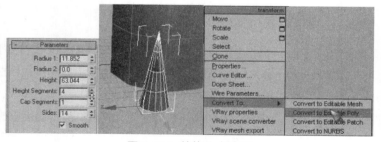

图6-111 转换为多边形

步骤15 选择圆锥底面，单击缩放工具对面进行缩放，然后将锥体移动到柱体的上面，将这个模型进行Clone（克隆），复制出另一个模型，并单击缩放工具进行缩小，最后选择柱体底下的面进行Extrude（挤出）拉伸，如图6-112所示。

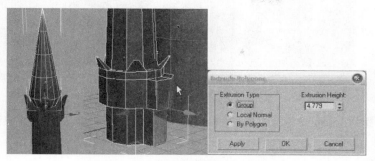

图6-112 Extrude（挤出）

步骤16 将柱体移动到城堡的侧面，将第2层的城堡用Clone（克隆）命令复制出来，并按下Delete键将选择的面删除，如图6-113、图6-114所示。

步骤17 删除面后，会发现此面已经消失了，我们要将这个面进行修补，在Face（面）子级别下，选择Create（创建）命令，按顺序单击蓝色的顶点，就会生成一个封闭的面，如图6-115所示。

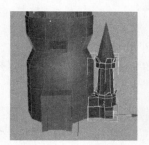
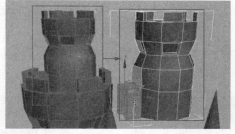

图6-113 移动侧面物体　　　　　　　　图6-114 删除面

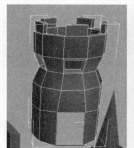
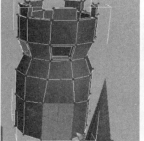

图6-115 Create（创建）面

步骤18 选择Vertex（顶点），按下Delete键删除，如图6-116所示。

图6-116 删除顶点

步骤19 选择底边的Border（轮廓），按住Shift键的同时单击移动工具向下拉伸出面来，如图6-117所示。

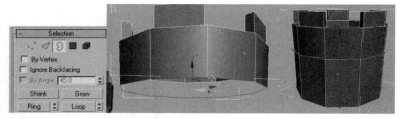

图6-117 拉伸面

步骤20 将城堡上面的点选择，单击缩放工具使点向外扩张出，选择城堡内侧的面，并单击缩放工具将面向内进行缩放，如图6-118所示。

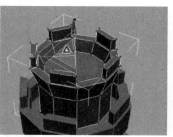

图6-118 缩放面

步骤21 选择面，单击Bevel（倒角）命令向上拉伸。选择面，单击缩放工具进行面缩放，如图6-119所示。

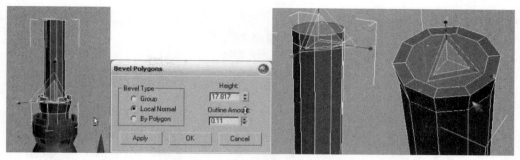

图6-119 Bevel（倒角）

步骤22 选择间隔的面，单击Bevel（倒角）命令进行拉伸，调节尖顶点的形状，将整个侧面的柱体移向城堡，如图6-120所示。

 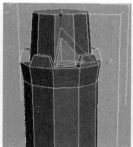  

图6-120 Bevel（倒角）并移动柱体

步骤23 面的对接。首先单击Attach（结合）命令，将柱体结合到城堡上，选择要对接的面，单击Bevel（倒角）命令倒出新的面，如图6-121、图6-122所示。

图6-121 Attach（结合）　　　　　图6-122 Bevel（倒角）面

步骤24 使用Cut（修剪）工具划分线段，要求将对接的两个物体的边在段数和形状上相同，在Edge（边）子级别下，选择横向的边进行Connect（连接），将Segments（分段）值设置为1，建立出一条线段，如图6-123、图6-124所示。

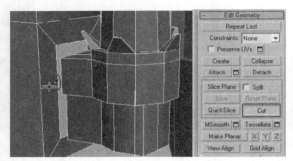

图6-123 Cut（修剪）　　　　　　　　　　图6-124 Connect（连接）线段

步骤25 选择划分后的面，然后按下Delete键进行删除。选择柱体的Vertex（顶点）子级别，将点调整到对接前最合适的形状，如图6-125、图6-126所示。

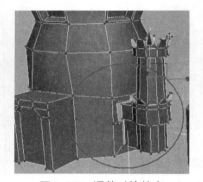

图6-125 删除面　　　　　　　　　　图6-126 调整对接的点

步骤26 按住Ctrl键，选择两条Border（边界）线段，单击Bridge（桥接）命令，在两个元素间建立出面，参数设置如图6-127所示。

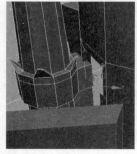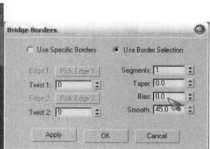

图6-127 Bridge（桥接）

步骤27 选择连接部分的线段，单击Remove（移除）命令将线段移除，然后选择侧面城堡的面，使用Cut（修剪）命令将面进行划分，如图6-128、图6-129所示。

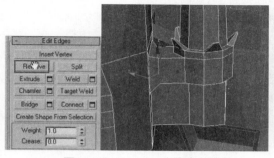

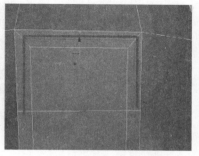

图6-128 Remove（移除）线段　　　　　　图6-129 Cut（修剪）线段

步骤28 线段划分完成后，再选择要对接的面，将面进行删除，然后将柱体移动到城堡的侧面，并且单击Attach（结合）命令，将柱体结合到城堡上，选择两个对接的Border（边界），并单击Bridge（桥接）按钮在两个元素间建立连接，如图6-130、图6-131所示。

图6-130 删除面　　　　　　　　　　　图6-131 Bridge（桥接）元素

步骤29 将连接完成的两层城堡移动到底层城堡的上面，将第3层城堡移动到第2层城堡的上面，并将刚才制作的柱体移动到第3层城堡的两侧，如图6-132所示。

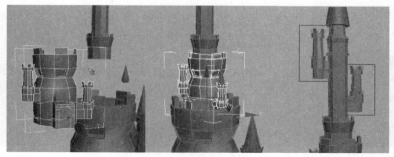

图6-132 移动城堡

步骤30 将尖顶移动到城堡上，并且按照城堡的比例将尖顶进行放缩，如图6-133所示。

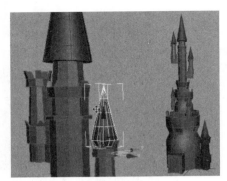

图6-133 制作尖顶

步骤31 建立城墙。在创建面板创建一个Box（长方体），见图6-134，并单击鼠标右键，在弹出的快捷菜单里面选择Convert to Editable Poly（转换为可编辑多边形），将它转换为多边形。选择面，单击Bevel（倒角）命令进行倒角，倒角效果如图6-135所示。

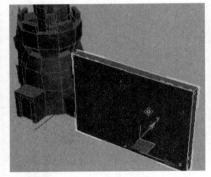

图6-134 创建Box（长方体）

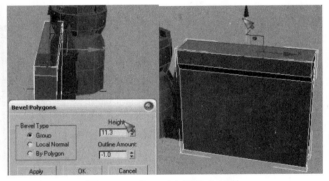

图6-135 Bevel（倒角）拉伸

步骤32 选择左右两侧的边，在修改面板中选择Connect（连接），将中间建立多条线段，在Face（面）子级别下按间隔选择面，如图6-136、图6-137所示。

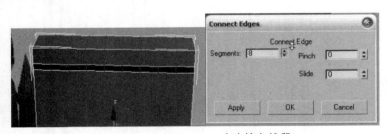

图6-136 Connect（连接）线段

图6-137 选择面

步骤33 选择Bevel（倒角）将Height（高度）调整为0，将Outline Amount（轮廓线数量）值调整为负数，制作出缩小的面，选择面后，再选择Extrude（挤出）命令，调整Outline Amount值向上拉伸出城墙的高度，如图6-138、图6-139所示。

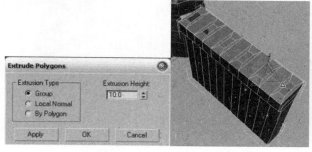

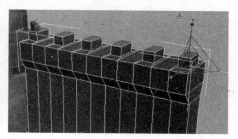

图6-138 创建0度Bevel（倒角）

图6-139 Extrude（挤出）城墙

步骤34 选择横向的Edge（边），但要将转角的线段保留。单击Remove（移除）命令将其他的线段去掉。去除线段后，城墙的面数将减少，如图6-140所示。

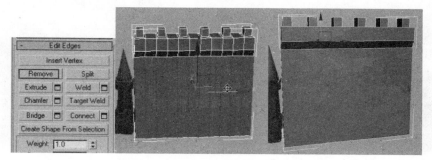

图6-140 Remove（移除）线段

步骤35 选择城堡的侧面的面，并且选择Extrude（挤出）命令，调整Outline Amount值拉伸出城墙，然后将城墙与城堡对接，单击Attach（结合）将城墙和城堡结合，如图6-141、图6-142所示。

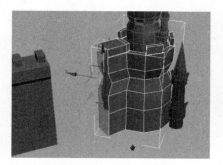

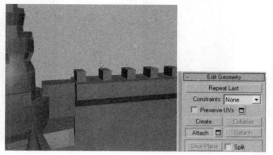

图6-141 Extrude（挤出）

图6-142 Attach（结合）将城墙和城堡结合

步骤36 选择城堡部墙上的线段，将它Remove（移除），然后选择两个对接的Border（边界），并单击Bridge（桥接），在两个元素间建立连接，如图6-143、图6-144所示。

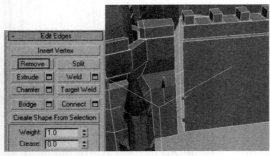

图6-143 Remove（移除）边

图6-144 Bridge（桥接）

步骤37 将另一个城墙模型与城堡结合，并将模型复制出来，见图6-145；选择Vertex（顶点），将它们向右进行移动，调整城墙的位置，如图6-146所示。

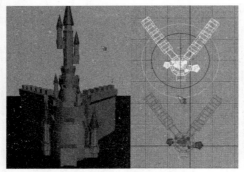

图6-145 Clone（克隆）模型

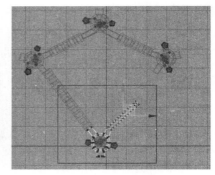

图6-146 调节城墙位置

步骤38 选择城墙，并且将它克隆出一个，然后将复制的城墙与现在的城墙进行对齐，如图6-147所示。

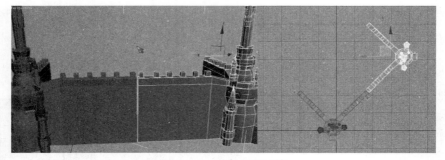

图6-147 对齐两面城墙

步骤39 单击Attach（结合）命令，将城墙与城墙进行结合，将两个城墙元素的Border（边界）选择，单击Bridge（桥接）命令，在两个元素间建立连接，如图6-148、图6-149所示。

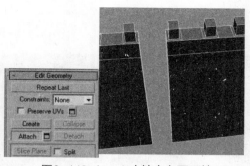

图6-148 Attach（结合）两面墙

图6-149 Bridge（桥接）城墙边界

步骤40 按照上面的方法将4个城墙进行结合，完成效果如图6-150所示。

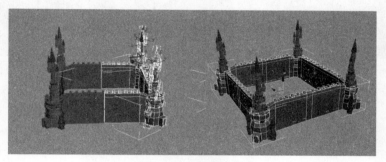

图6-150 完成效果

本章总结与思考练习

本章主要讲解了帐篷的制作方法，还讲解了中式场景和欧式场景的制作方法，在制作中运用了很多基本建模命令，我们在制作时要熟练这些命令和工具。

简答题：

1. 简述蒙古帐篷的建模步骤。
2. 简述古代将军府建模步骤。
3. 简述欧式城堡建模步骤。
4. 总结出帐篷、将军府、城堡在建模时最常用到哪几个修改命令？（5个以上）

操作题：

1. 复习本章的各种建模方法。

2.　设计一个欧式场景。

3.　设计一个中式场景，如图6-151所示。

图6-151　中式场景

7.1 人体比例结构

在学习三维人物建模前，我们先要了解一下人体的比例结构，这样在三维建模的时候才能得到正确的人物比例关系，制作出好看的人物模型。了解标准的人体比例关系后，我们可以在保持比例关系不变的情况下对模型进行调整、变形，从而制作出高、矮、胖、瘦各种不同形态的角色模型。

7.1.1 ▶ 头部比例

头部的比例设计要注意3个尺寸：一是头的高度，它是以鼻子的长度来度量的：额头到下颚的高度为3个鼻子长（如图7-1中绿色2、3、4号标记所示），头顶到额头的高度是二分之一的鼻子的长度（如图7-1中的1号标记所示）；二是头的宽度，它是以单个眼睛的长度来进行度量的。头的宽度一般有5个眼睛长（如图7-1中红色数字标记所示），这也是素描里面所说的"三庭五眼"；三是耳朵的高度和耳朵到眼角的距离。一般说来，在头部的各种尺寸中，存在多个尺寸与鼻子的高度相等，例如眼角到耳屏的长度就等于鼻子的高度，如图7-1（b）所示。

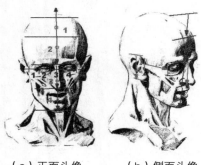

（a）正面头像　　　　（b）侧面头像

图7-1 头部比例

7.1.2 不同年龄头部的比例

人类头部的生长过程是缓慢的，从1岁到成人，头的高度增长不到3英寸，但是我们在建模时要根据角色的年龄特征，设置头部模型微弱的大小差别，这样才能得到识别度高的效果。不同年龄的头部比例如图7-2所示。

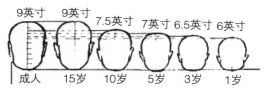

图7-2 不同年龄的头部比例

7.1.3 不同年龄身体的比例

在人类成长的过程中，腿部的增长接近躯干增长的两倍。人从1岁到成人身体的比例变化如图7-3所示。成人男性的身体比例根据人种的不同也有所差别。欧洲男性身体比例一般在8个头高，亚洲男性身体比例一般在7个头高。在三维建模的时候一定要注意身体的比例关系，做出的人物模型整体结构才能协调。

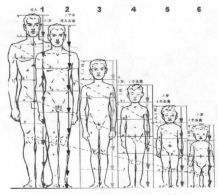

图7-3 不同年龄的身体比例

7.1.4 人体的肌肉解剖

图7-4为头部和身体的肌肉解剖图，我们可以参考图中肌肉的走向来制作人体各部分模型的形态。

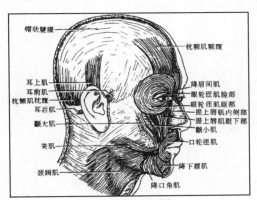

（a）面部肌肉解剖

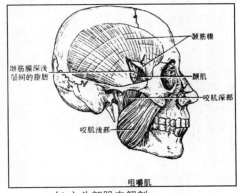

（b）头部肌肉解剖

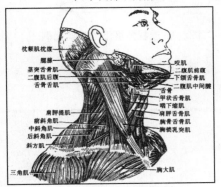

（c）颈部肌肉解剖

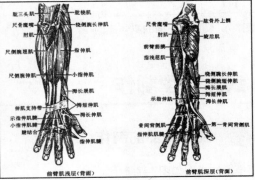

（d）手臂肌肉解剖

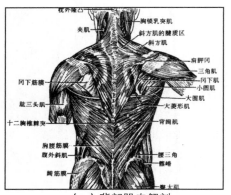

（e）背部肌肉解剖

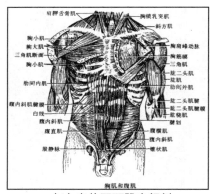

（f）身体正面肌肉解剖

图7-4　人体肌肉解剖图

7.1.5　身体比例

人体正面、背面和侧面的比例关系，以及身体各部位肌肉的轮廓如图7-5所示。

透视角度下的身体比例如图7-6所示。

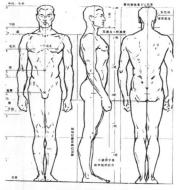

图7-5　侧面和正面的身体比例

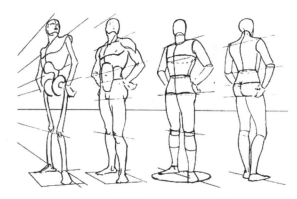

图7-6　透视角度下的身体比例

7.2　武士模型制作

7.2.1　武士头部的制作

头部模型效果图如图7-7所示。

步骤1 在创建面板中创建一个Box（长方体），在修改面板中调节Box（长方体）的长、宽、高参数，如图7-8所示。

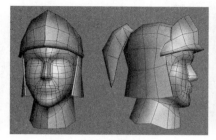

图7-7 头部模型效果图

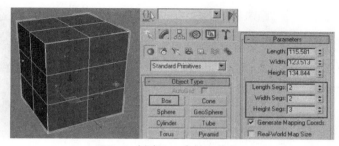

图7-8 创建Box（长方体）

步骤2 选择Box（长方体），单击鼠标右键，在弹出的快捷菜单中选择Convert to Editable Poly（转换为可编辑多边形）命令，如图7-9所示。

步骤3 在Modify（修改）面板中选择Face（面）级别，选择长方体一半的面，按下Delete键将其删除，如图7-10所示。

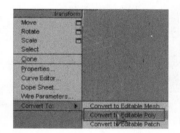

图7-9 转换为可编辑多边形

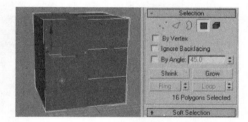

图7-10 删除面

步骤4 选择 （镜像工具），在弹出的对话框中选择Instance（实例）方式，复制出另一半的物体，如图7-11所示。

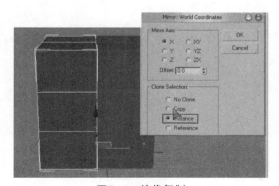

图7-11 镜像复制

步骤5 选择右边长方体上竖向的Edge（边），再选择Connect（连接）命令，为边上添加一条直线，如图7-12所示。

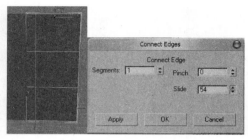

（a）选择边   （b）Connect（连接）线段

图7-12 连接线段

步骤6 为了更方便地观察物体，为Box01选择一个较为醒目的显示颜色，如图7-13所示。

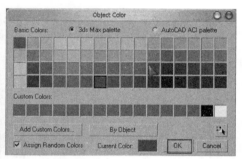

图7-13 改变显示颜色

步骤7 进入Vertex（顶点）子对象级别，调整点的形状，使用Cut（修剪）工具，制作出鼻子的连接线，如图7-14所示。

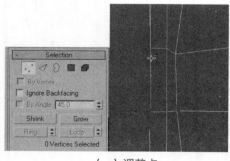

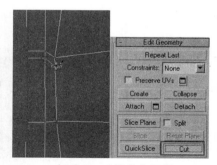

（a）调整点   （b）Cut（修剪）工具

图7-14 制作鼻子连接线

步骤8 选择Edge（边）级别，使用Connect（连接）命令，在边上添加一条直线，再选择Cut（修剪）工具，制作出鼻子的连接线，将线连接到边角，如图7-15所示。

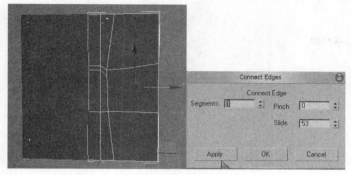

（a）Connect（连接）　　　　　　　　　　　　　　　　　（b）Cut（修剪）

图7-15 修建鼻子连接线

步骤9 选择Vertex（顶点），调整点的形状，将四角的点向内移动，制作头部的外轮廓，如图7-16所示。

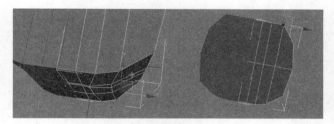

图7-16 调整点的形状

步骤10 将头部上的一排顶点整体向上移动，调整出头顶的形状。将头部下面的点向内进行移动，调整出下巴的形状，如图7-17所示。

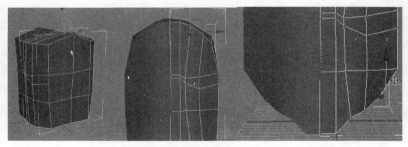

图7-17 调整头部的形状

步骤11 将视角调整至头部的侧面，选择后脑部分的点并进行调节，将其调节成颅骨的外形，如图7-18所示。

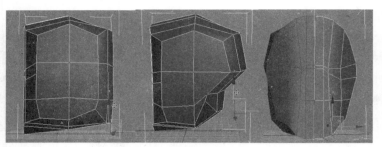

图7-18 调整颅骨的形状

步骤12 使用Cut（修剪）工具将鼻子的连接线继续进行延长连接，将连接线一直连接到后脑，如图7-19所示。

步骤13 使用Cut（修剪）工具将鼻子底部的线连接起来。使用同样的方法，划分出下巴的线，并将线向后进行连接。使用Cut（修剪）工具将额头的线也向后脑进行连接，如图7-20所示。

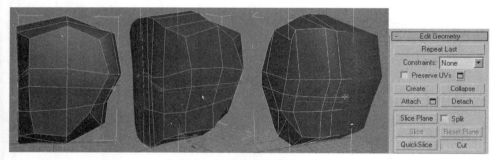

图7-19 Cut（修剪）鼻子连接线

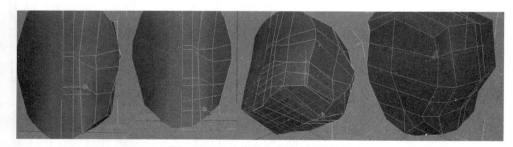

图7-20 Cut（修剪）鼻子底部连接线

步骤14 在Vertex（顶点）子对象级别下，选择鼻子部分的4个点，按箭头方向向前移动，拉出鼻子的轮廓。将眉骨部分的点也向前移动，效果如图7-21所示。

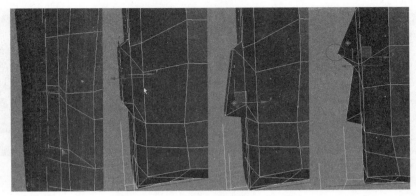

图7-21 移动鼻子上的点和眉骨上的点

步骤15 选择额头和下巴上的点，同时向外移动，使其产生凸起。调整鼻子部分的点，按照箭头所指方向进行调节，制作出鼻子的轮廓，如图7-22所示。

步骤16 使用Cut（修剪）工具，划分出鼻子的线段，进一步调整Vertex（顶点）的位置，使其与鼻子的形态更为接近，如图7-23所示。

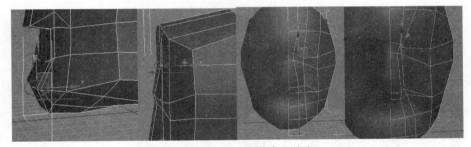

图7-22 调节点制作鼻子轮廓

（a）Cut（修剪）工具连接线段　　　　　　　（b）调节点

图7-23 进一步调整鼻子轮廓线

步骤17 如果在调节过程中发现点和点是分开的，可以使用Target Weld（目标焊接）命令将其结合。使用Cut（修剪）工具连接线段，如图7-24所示。

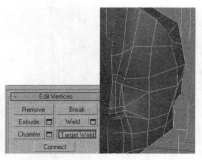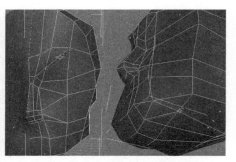

（a）目标焊接   （b）Cut（修剪）工具连接线段

图7-24 细调轮廓线

步骤18 将冗余的线段使用Remove（移除）命令进行移除，如图7-25所示。

图7-25 Remove（移除）线段

步骤19 使用Cut（修剪）工具连接鼻子的线段，并且对点进行调节，再连接出眼睛的形状，然后将眼角的线段向下连接，如图7-26所示。

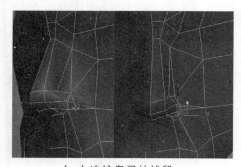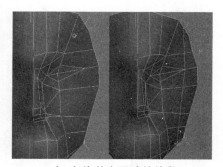

（a）连接鼻子的线段   （b）修剪出眼睛的线段

图7-26 制作眼睛

步骤20 使用Cut（修剪）工具，连接上眼角的线段，同时调整头像侧面的点，再用Cut（修剪）工具，连接额头上的线段到眼角，制作额头，如图7-27所示。

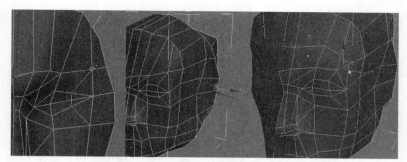

图7-27 Cut（修剪）工具按箭头方向连接线段

步骤21 使用Remove（移除）命令将眼角和眼睛中间多出的线段删除掉，如图7-28所示。

图7-28 Remove（移除）多余线段

步骤22 进入Vertex（顶点）子对象级别，将游离的点使用Remove（移除）命令删除，同时重新划分眼角的线段。将头部上面的线段和游离的点亦进行删除，如图7-29所示。

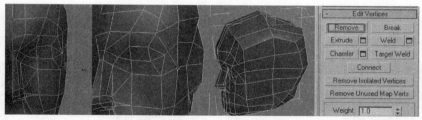

图7-29 Remove（移除）多余线段

步骤23 使用Cut（修剪）工具连接上嘴唇和下嘴唇的线段，调节下巴上的点，如图7-30所示。

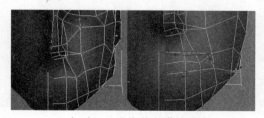

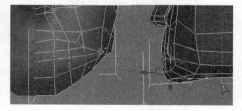

（a）Cut（修剪）嘴的轮廓　　　　　　　　　（b）移动嘴上的点

图7-30 制作嘴巴

　　步骤24 进入Element（元素）子对象级别，选择半个头部，在Smoothing Groups（平滑组）中按下
1号键使其平滑。使用平滑组前后的不同效果如图7-31所示。

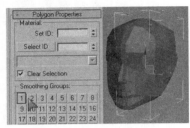

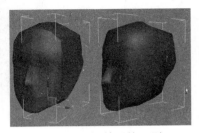

（a）设置平滑组　　　　　　　　　　　　　（b）平滑组前后的区别

图7-31 平滑处理

　　步骤25 调节下巴与颧骨上的Vertex（顶点），将下巴进行收缩，将颧骨调高，调整后脑线段上的
点，使其更加平滑，如图7-32所示。

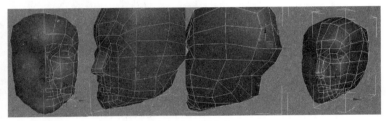

图7-32 调节点

　　步骤26 在Face（面）级别下将头的底面进行选择，按下Delete键将面进行删除。然后选择Edge
（边）将开放的边进行选择，按下Shift键同时向下移动面，建立出颈部的面，如图7-33所示。

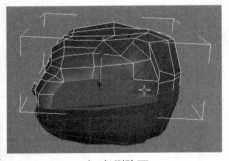
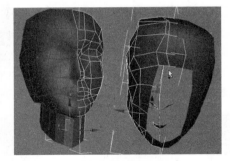

（a）删除面　　　　　　　　　　　　　　　　（b）拉伸面

图7-33 建立颈部

　　步骤27 使用Remove（移除）命令，将连接多边面的线去掉。使用Cut（修剪）工具将断开的连线
重新划分与连接，如图7-34所示。

（a）Remove（移除）线段　　　　　　　　　（b）Cut（修剪）工具连接线段

图7-34 调整颈部

步骤28 将分散开的点进行Collapse（塌陷），然后用Cut（修剪）命令将下巴底面的线连接起来，如图7-35所示。

（a）Collapse（塌陷）点　　　　　　　　（b）Cut（修剪）工具连接线段

图7-35 细调颈部

步骤29 使用Cut（修剪）命令将线段进行连接，调节后脑的点，将分开或者游离的点进行Collapse（塌陷），然后再用Cut（修剪）命令将眼角和喉咙的线段分别进行连接，如图7-36所示。

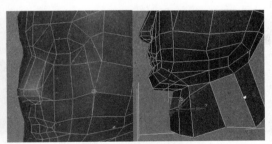

（a）连接线段　　　　　　　　（b）塌陷点　　　　　　　　（c）修剪线段

图7-36 调整头部模型

步骤30 重新调整头部的平滑度。进入Element（元素）子对象级别，选择半个头部，在Smoothing Groups（平滑组）中单击Clear All（清除全部）按钮，先将原来的平滑组清除，再单击数字按钮1，将其定义为1组平滑，如图7-37所示。

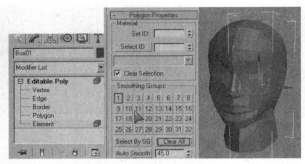

图7-37 重新设置平滑组

步骤31 用Cut（修剪）命令将颧骨的线段重新划分，尽量将面调整为四边或三边面。将线段连接到眼角，如图7-38所示。

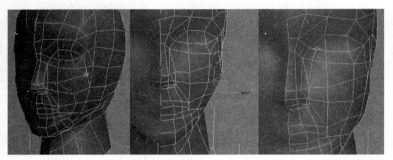

图7-38 用Cut（修剪）工具连接线段

步骤32 选择这条对角线段，用Remove（移除）命令将多余的线段去除。完成头部的制作，如图7-39所示。

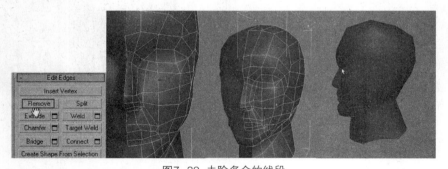

图7-39 去除多余的线段

7.2.2 ▶ 制作头盔

步骤1 旋转视图至头部的侧面，使用Cut（修剪）命令，将线段连接到后脑，将分散的几个点使用

Target Weld（目标焊接）命令将它们焊接在一起，如图7-40所示。

连接线段

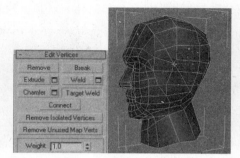
目标焊接

图7-40 调整侧面头部模型

步骤2 在Face（面）子级别下按照刚才划分的线段，选择后脑的面，选择Detach（分离）命令，将后脑部分独立出来，如图7-41所示。

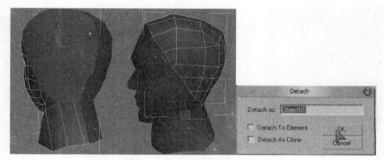

图7-41 选择后脑的面进行Detach（分离）

步骤3 在Modify（修改）列表里添加Push（推力）命令，调整Push Value（推进值），将分离出的物体放大。选择头部，单击鼠标右键，弹出快捷菜单，选择Freeze Selection（冻结选择对象），将头部冻结，如图7-42所示。

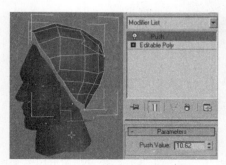
（a）使用推力放大头盔

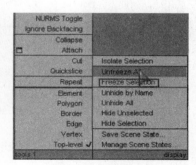
（b）冻结头部

图7-42 制作头盔，冻结头部

　　步骤4 选择头盔下面的顶点，按下Delete键将其删除。进入Edge（边）模式，选择头盔的边缘，按住Shift键将其向下移动，拖曳出新的面。切换回Vertex（顶点）模式，调整出头盔的形状，如图7-43所示。

　　　　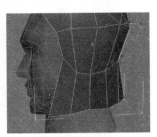

（a）删除点　　　　　　　　　（b）移动面　　　　　　　　（c）调节点

图7-43 调整头盔形状

　　步骤5 选择头盔下面的边，按住Shift键向X轴方向进行移动，拖曳出新的面，如图7-44所示。

　　步骤6 单击Remove（移除）按钮，将头盔顶上的对角线段删除，如图7-45所示。

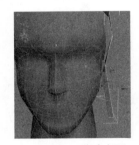　　　　　　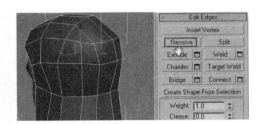

图7-44 移动出面　　　　　　　　图7-45 Remove（移除）线段

　　步骤7 选择头盔顶部的顶点，使用Chamfer（切角）工具将顶点切开成三边面。选择该三边面，使用Bevel（倒角）命令，调节倒角的Height（高度）和Outline Amount（轮廓值），如图7-46所示。

　　　　　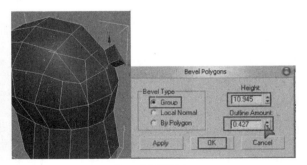

Chamfer（切角）　　　　　　　　　Bevel（倒角）

图7-46 切角与倒角

　　步骤8 使用Bevel（倒角）命令制作出头部后面的发辫，选择发辫侧面的面并进行删除，如图7-47所示。

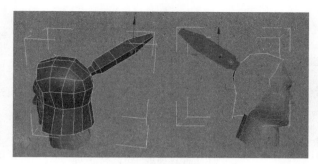

图7-47 删除发辫侧面的面

步骤9 旋转视角，调节头盔顶部点的位置，如图7-48所示。

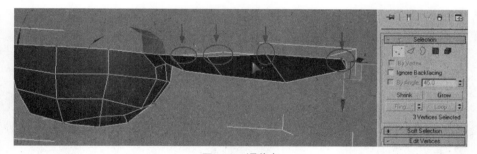

图7-48 调节点

步骤10 进入Vertex（顶点）级别，调节发辫的弯度，如图7-49所示。

步骤11 选择竖向的边并移除。使用Cut（修剪）命令，连接发辫顶端的线段，如图7-50所示。

步骤12 单击 ▓（镜像）命令，勾选Instance（实例），将头盔复制出一半，如图7-51所示。

图7-49 调节发辫的形状

 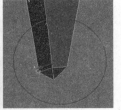

（a）Remove（移除）线段 　　（b）连接线段

图7-50　调节发辫　　　　　　　　　图7-51　镜像复制头盔

步骤13 创建一个Plane（平面），将其选择并且单击鼠标右键，在弹出的快捷菜单中选择Convert to Editable Poly（转换为可编辑多边形）命令将其转换为多边形。调节顶点，将其调整为头盔上盖的形状，如图7-52所示。

 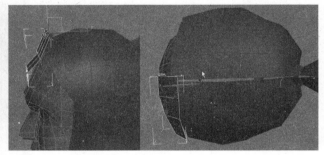

（a）转换为多边形 　　　　　　　　（b）调节点的形状

图7-52　制作头盔前部

步骤14 进入Edge（边）级别，继续调整头盔上盖的形状。选择上盖边缘，按下Shift键并向Y轴进行移动，拖曳出新的面，如图7-53所示。

图7-53　拖曳顶盖侧面

步骤15 选择上盖边缘的边，按下Shift键并向Y轴进行移动，拖曳出新的面，将其沿X轴进行移动，再次拖曳出一个新的面。如果在边角发现有缺失的面，可以进入Face（面）级别，单击Create（创建）命令按顺序依次单击鼠标，创建出新的面，如图7-54所示。

 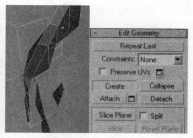

（a）拉伸面 　　　　　　　　　　（b）创建面

图7-54 创建新面

步骤16 将上盖进行镜像复制。选择头盔上盖前沿的边，按下Shift键并向Y轴进行移动，拖曳出新的面，如图7-55所示。

图7-55 拉伸出面

步骤17 调整Vertex（顶点），得到头盔上盖的形状，结果如图7-56所示。

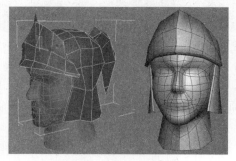

图7-56 完成头部的制作

7.2.3 ▶ 武士身体的制作 ▼

步骤1 在创建面板中创建一个Box（长方体）。切换至Modify（修改）面板，设定Box（长方体）的参数。选择Box（长方体），单击鼠标右键，在弹出的快捷菜单中选择Convert to Editable Poly（转换为可编辑多边形），将Box（长方体）转换为可编辑多边形。

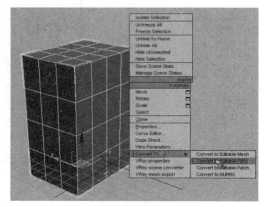

图7-57 转换为可编辑多边形

步骤2 在Modify（修改）面板中选择Vertex（顶点）级别，用移动工具和缩放工具调整身体的外形，将身体的肩部和腰部制作出来。选择身体顶面的连接线段，单击Remove（移除）命令，将面中间的连接线段移除，如图7-58所示。

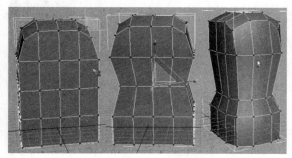

（a）调整身体上的点

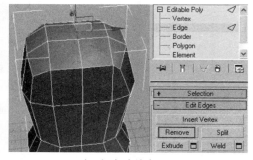

（b）去除线段

图7-58 初步调整躯干

步骤3 使用Cut（修剪）工具，连接两条线段。选择顶部的面，使用Extrude（挤出）命令，将武士的脖子挤压出来。选择身体侧面的Edge（边），使用Connect（连接）命令，为边上添加一条直线，如图7-59所示。

步骤4 选择身体另一半的面，按下Delete键，将其删除。选择镜像命令并勾选Instance（实例）方式，将身体的另一半进行镜像复制，这样复制出来的另一半身体就会随着原来身体的变化而变化，如图7-60所示。

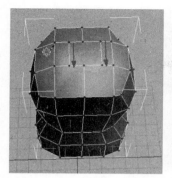 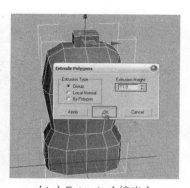 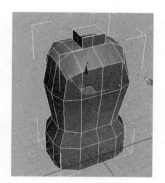

（a）Cut（修剪）连接线段　　　　（b）Extrude（挤出）　　　　（c）Connect（连接）

图7-59 进一步调整躯干

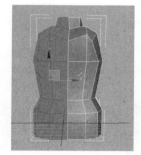 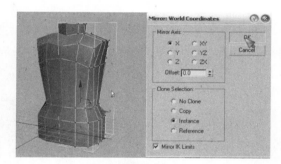

（a）删除面　　　　　　　　　（b）镜像复制

图7-60 镜像复制躯干

步骤5 选择手臂部分的线段，按下Bevel（倒角）命令，将手臂拉伸出来，如图7-61所示。

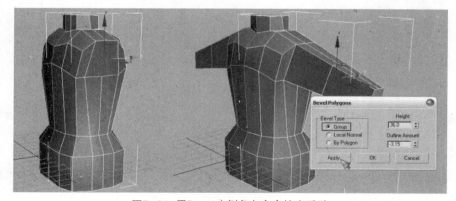

图7-61 用Bevel（倒角）命令拉出手臂

步骤6 选择身体底面，按下Delete键将底面删除。选择身体上的竖向边，按下Connect（连接）命令，在身体上添加两条截面线段，如图7-62所示。

（a）删除面

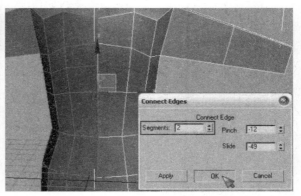

（b）Connect（连接）线段

图7-62 添加截面线段

步骤7 进入Vertex（顶点）级别，将点向上移动，调整出上半身的轮廓。选择整个上臂的边，使用Connect（连接）命令添加两条上臂的截面线段，如图7-63所示。

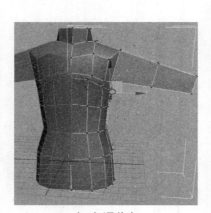

（a）调节点

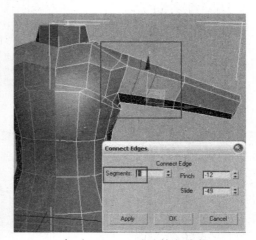

（b）Connect（连接）线段

图7-63 为手臂添加截面线段

步骤8 进入Edge（边）级别，选择腰部的线段，使用Chamfer（切线）命令将腰部的曲线切成两条线段，选择其中的一条线段进行缩放，调整出上半身的盔甲形状，如图7-64所示。

步骤9 使用Cut（修剪）工具，将肩部到腋部的面进行修剪，连接线段。将Vertex（顶点）向左移动，调整出裙底的断面并将裙底部的线段连接到点，如图7-65所示。

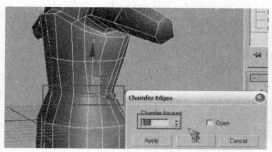
（a）Chamfer（切线）

（b）缩放边

图7-64 制作盔甲

图7-65 Cut（修剪）线段

步骤10 选择肩部到裙底的线段，单击Remove（移除）命令，将这条线段去除，如图7-66所示。

步骤11 选择Cut（修剪）工具，将线连接到腰下面的点。使用Remove（移除）命令将面上的对角线段进行移除，如图7-67所示。

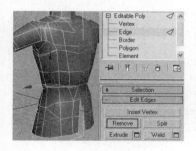

图7-66 Remove（移除）线段

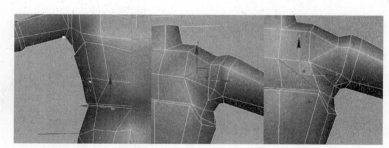
（a）Cut（修剪）线段　　　　（b）Remove（移除）线段

图7-67 调整盔甲

步骤12 使用移动工具调整肩部的点，将其向上移动，将肩胛骨的高度调整出来。使用Cut（修剪）工具，将肩部和手臂的线段进行连接，如图7-68所示。

步骤13 再次选择竖向的线段，使用Connect（连接）命令，制作出身体上的截面线并将其向上移动。再次连接身体上的截面线，将其向下移动，如图7-69所示。

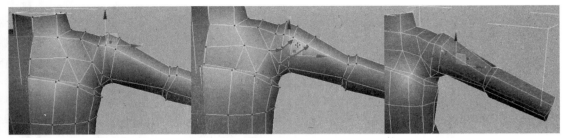

图7-68 Cut（修剪）连接线段

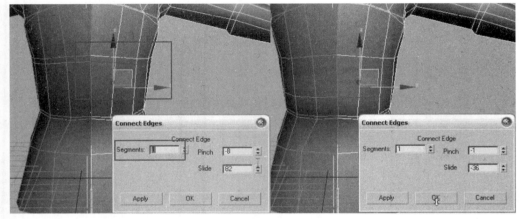

图7-69 用Connect（连接）

步骤14 调整腰部的点，将点向X轴向移动，将腰部的形状调整出来。选择胳膊的截面，使用Bevel（倒角）命令进行倒角，并将前臂拖曳出来，如图7-70所示。

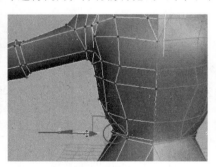
（a）调节点

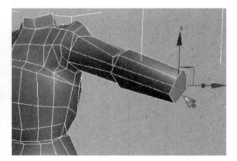
（b）Bevel（倒角）拉伸

图7-70 点的调整与拉伸

步骤15 创建一个Box（长方体），在修改面板中调整长、宽、高的段数。将Box（长方体）转换为可编辑多边形，在Vertex（顶点）级别下调整点的位置，制作出腹部和腿部的形状，如图7-71所示。

（a）Box（长方体）参数　　　　　（b）Cut（修剪）连接线段

图7-71 制作腿部

步骤16 将侧面的连接面删除，用Cut（修剪）工具，将腿部网格进行划分，调整出腿部的大体形状。选择腿部的截面线段，按下Connect（连接）命令，添加一条腹部到裤脚的线段，如图7-72所示。

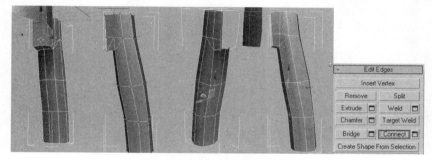

图7-72 Connect（连接）线段

步骤17 用Cut（修剪）工具或Connect（连接）命令，在膝盖部分添加横截面的连接线段，并且在Vertex（顶点）级别下，调节出膝盖和臀部的形状。调整完裤子形状之后，将裤子进行镜像复制，得到另一半的裤子，如图7-73所示。

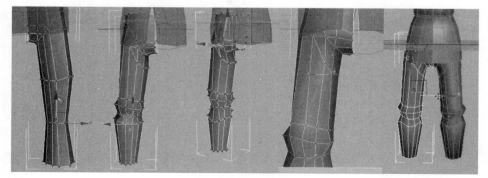

图7-73 制作裤子

步骤18 将顶点向下拉伸，制作出脚的大体轮廓，用Cut（修剪）工具将连接线重新划分连接。选择脚部的边，使用Connect（连接）命令为脚部添加一条线段，如图7-74所示。

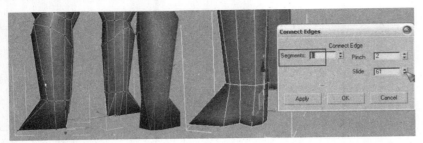

图7-74 制作脚

步骤19 进入Vertex（顶点）级别，调整脚的形状，单击Remove（移除）命令，将脚底上的对角线段删除，如图7-75所示。

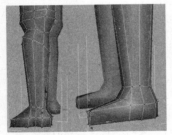

（a）调节点

（b）去除线段

图7-75 调整脚

步骤20 使用Cut（修剪）工具，将脚尖上的线段进行连接，调节顶点的位置。同时将对角线段使用Remove（移除）命令将它移除，如图7-76所示。

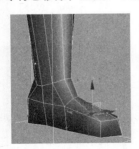

（a）Cut（修剪）线段

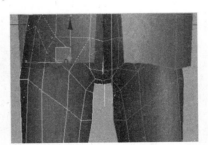

（b）去除线段

图7-76 连接脚与腿

步骤21 改变模型的显示颜色。在修改面板中双击颜色框，就会弹出显示颜色修改的对话框，可以更改模型的颜色，如图7-77所示。

步骤22 选择镜像命令，在弹出的对话框中，勾选Copy（复制）选项，重新复制出身体的另一侧

（只有复制的物体才能进行结合），如图7-78所示。

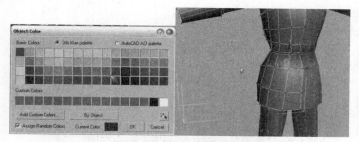

图7-77 更改显示颜色

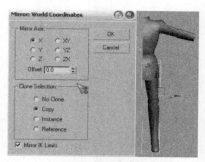

图7-78 镜像复制

步骤23 选择Attach（结合）命令，将另一半的裤子结合为一个物体。选择对应的两个点进行Weld（焊接），将点与点进行合并，如图7-79所示。

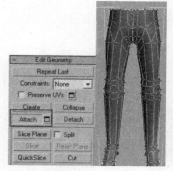

（a）Attach（结合）

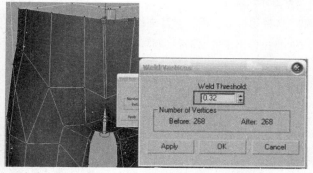

（b）Weld（焊接）点

图7-79 连接镜像复制对象

步骤24 在Vertex（顶点）级别下调节臀部的形状，再将身体部分用同样的方法进行镜像复制，并将对应的点进行Weld（焊接），如图7-80所示。

（a）调节点

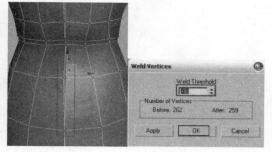

（b）Weld（焊接）点

图7-80 制作臀部

步骤25 合并后的效果如图7-81所示。

步骤26 制作手。选择前臂上的边，单击Cap（封口）按钮，将空洞的部分用面填补上，如图7-82所示。

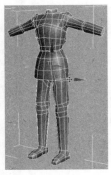

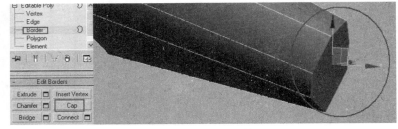

图7-81 身体效果   图7-82 添加顶盖

步骤27 选择填补后的面，对其进行倒角和拉伸操作，将手的长度拉伸出来，如图7-83所示。

步骤28 将拉伸出来的面进行调节，如图7-84所示。

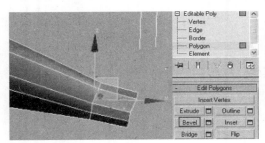

图7-83 Bevel（倒角）拉伸   图7-84 调节点

步骤29 使用Cut（修剪）工具，将手指分成4段连线，调节点的位置，如图7-85所示。

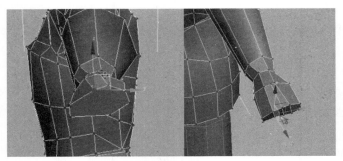

图7-85 Cut（修剪）连接线段

步骤30 选择4个面，用Bevel（倒角）进行拉伸，并且选择By Polygon（按多边形）进行拉伸，拉伸出手指的长度。调节手指的点，将手指的形状调整出来，如图7-86所示。

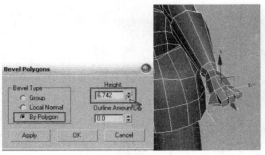
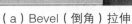
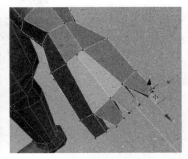

（a）Bevel（倒角）拉伸 　　　　　　　　　　　　（b）调节点

图7-86 制作手指

步骤31 在原来面的基础上继续进行Bevel（倒角）拉伸，拉伸出第2、3段指节并且将手的形状调整出来，如图7-87所示。

步骤32 选择手掌上的线段，使用Connect（连接）命令，在手掌上添加一条线段。选择手掌侧面的面，将面进行倒角并拉伸，调整出拇指的形状，如图7-88所示。

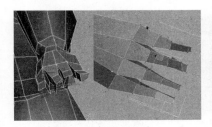
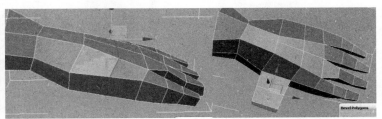

图7-87 制作手指 　　　　　　　　Connect（连接）线段 　　　　　　　Bevel（倒角）拉伸

图7-88 制作拇指

步骤33 将手指和手掌上的点进行调节，得到手掌的形状，如图7-89所示。

图7-89 调节点制作手掌

步骤34 使用镜像命令，将带有手的身体的另一半进行镜像复制，如图7-90所示。

步骤35 使用Attach（结合）命令结合左右的身体，并将中间的点进行Weld（焊接）结合，如

图7-91所示。

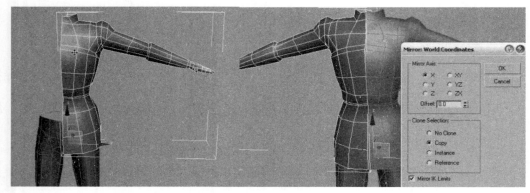

图7-90　镜像复制

步骤36 在层级面板下，选择Pivot（轴）下面的Affect Pivot Only（仅影响轴）按钮，将轴心点移动至身体的底部，如图7-92所示。

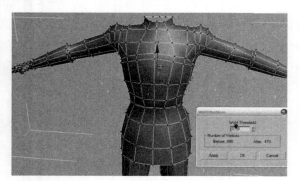

图7-91　Weld（焊接）点

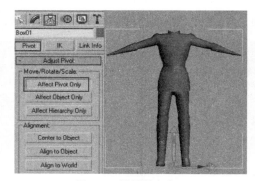

图7-92　设置轴心点

7.2.4　盔甲的制作

　　步骤1 选择肩部的面，使用Detach（分离）命令并勾选Detach As Clone（分离为克隆）选项，将肩甲分离出来。在Modify（修改）面板里添加Shell（壳）修改器，将复制出来的肩甲挤压出厚度，如图7-93所示。

　　步骤2 删除肩甲内面。使用Connect（连接）命令，在肩甲上添加一条线段，如图7-94所示。

　　步骤3 制作手甲。选择前臂上的面，使用Extrude（挤出）命令，将手甲上的面拉伸出来，选择Vertex（顶点）并调整手甲的形状。使用Connect（连接）命令，在手臂上添加两条连接线段，通过增加手臂的段数来增加肘部的平滑程度，如图7-95所示。

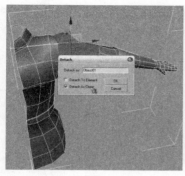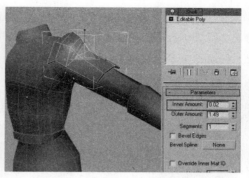

（a）Detach（分离） （b）添加Shell（壳）

图7-93 制作肩甲

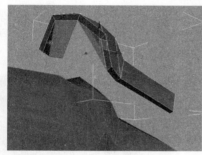

（a）删除底面 （b）Connect（连接）线段

图7-94 在肩甲上加线

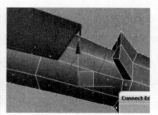

（a）Extrude（挤出） （b）调整手甲 （c）Connect（连接）线段

图7-95 制作手甲

步骤4 选择腰部的面，使用Extrude（挤出）命令拉伸出腰带的形状，如图7-96所示。

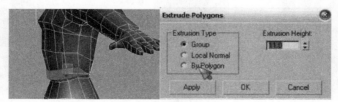

图7-96 制作腰带

步骤5 制作护甲。将裙子侧面选择上，单击Detach（分离）命令，在弹出的对话框中勾选Detach As Clone（分离为克隆）选项，将面分离并复制出来，如图7-97所示。

步骤6 添加Shell（壳）修改器，将复制出来的护甲挤压出厚度，如图7-98所示。

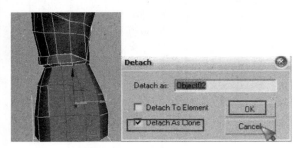

图7-97 Detach（分离）   图7-98 添加Shell（壳）

步骤7 将手甲上部的面全部选择，使用Extrude（挤出）命令，拉伸出手甲的厚度，如图7-99所示。

步骤8 选择Cut（修剪）工具，添加连接线段，增加手甲内面的段数，如图7-100所示。

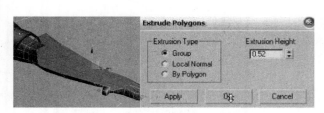

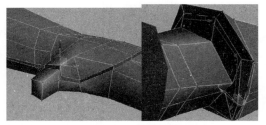

图7-99 Extrude（挤出）手甲厚度   图7-100 添加连接线段

步骤9 制作腿甲。将腿甲的面选择上，并单击Detach（分离）命令，在弹出的对话框中勾选Detach As Clone（分离为克隆），将面分离并复制出来，如图7-101所示。

步骤10 在Modify（修改）面板中，选择Modifier List（修改器列表）并添加Push（推力）修改器，将腿甲扩大。添加Shell（壳）修改器，拉伸出腿甲的厚度，如图7-102所示。

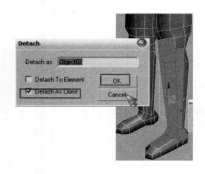

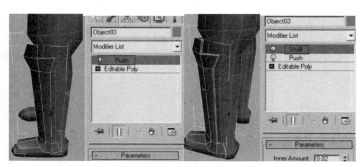

（a）添加Push（推力）修改器   （b）添加Shell（壳）命令

图7-101 分离并复制面   图7-102 制作腿甲

步骤11 选择腿甲内部的面，按下Delete（删除）键将面删除，调整腿甲的顶点。使用Cut（修剪）命令，在腿甲上添加连接线段。将各个盔甲进行镜像复制，完成盔甲的制作，如图7-103所示。

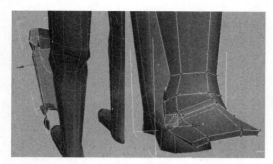

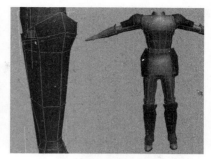

（a）调整腿甲　　　　　　　　　　　　　　（b）添加连接线段

图7-103 完成盔甲制作

步骤12 在File（文件）菜单下，找到Merge（合并）命令，选择已保存的头部模型文件，将头部合并至当前的场景中，如图7-104所示。

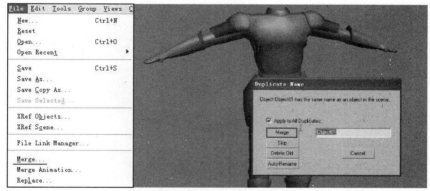

图7-104 Merge（合并）头部

步骤13 将合并的头部模型进行缩放，调整至身体上。查看头部与身体的比例关系是否正确。选择手臂上的点，使用■（缩放工具）放大手甲，如图7-105所示。

（a）缩放头部　　　　　　　　　　　　　　（b）缩放手甲

图7-105 组装模型

步骤14 使用Attach（结合）命令将身体与头部进行结合。在Modify（修改）面板中，将Editable Poly（编辑多边形）命令展开，选择Element（元素），就能在同一物体内部移动头部位置了，如图7-106所示。

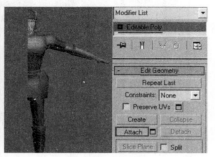
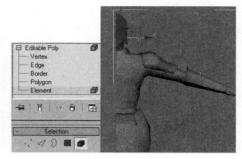

（a）Attach（结合）头部   （b）移动元素

图7-106 结合身体与头部

步骤15 使用 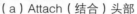（镜像）命令将身体的另一侧进行复制，完成整个模型的制作，如图7-107所示。

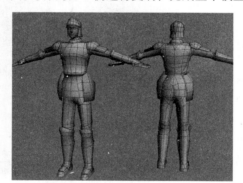

图7-107 完成效果

7.3 矮人武士建模

7.3.1 ▶ 创建矮人武士头部模型

武士头部模型如图7-108所示。

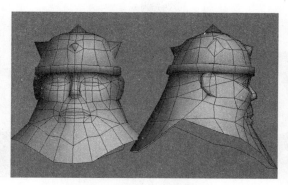

图7-108 武士头部模型

步骤1 在Create（创建）面板中创建一个Box（长方体），并在Modify（修改）面板中调节其参数，如图7-109所示。

步骤2 选择Box（长方体），单击鼠标右键，在弹出的快捷菜单中选择Convert to Editable Poly（转换为可编辑多边形）命令，如图7-110所示。

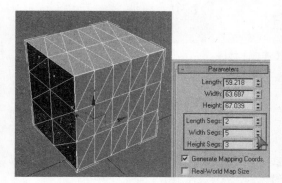

图7-109 创建Box（长方体）

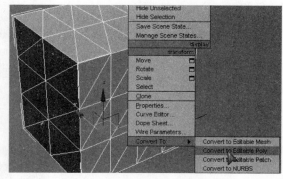

图7-110 转换为可编辑多边形

步骤3 在Modify（修改）面板中，进入Vertex（顶点）级别，选择长方体一半的顶点，按下Delete（删除）键，将一半的长方体删除。在Modify（修改）面板中为物体添加Symmetry（对称）命令，将方体的另一半制作出来，如图7-111所示。

步骤4 进入Vertex（顶点）级别，按下显示最终效果的按钮，显示修改的最终效果，如图7-112所示。

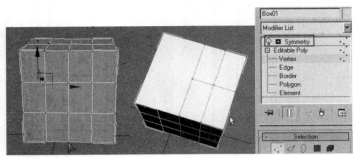

（a）Delete（删除）点   （b）Symmetry（对称）

图7-111 制作对称长方体

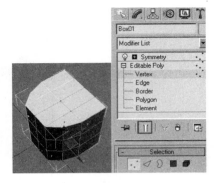

图7-112 显示修改效果

步骤5 选择横向的边，使用Connect（连接）命令，在竖向的边上添加一条直线，如图7-113所示。

图7-113 Connect（连接）线段

步骤6 使用Cut（修剪）命令，在点与点之间连接出一条线段，如图7-114所示。

图7-114 Cut（修剪）线段

步骤7 选择竖向的边，使用Connect（连接）命令，为竖向的边添加一条线段，如图7-115所示。

步骤8 选择Vertex（顶点）以及 ▣ 缩放工具，将头部上部的点进行缩放，如图7-116所示。

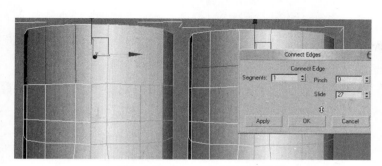

图7-115 Connect（连接）线段

图7-116 缩放点

步骤9 选择Cut（修剪）命令，按照箭头的方向将线段进行连接，并且将肩部的点向上调节，如图7-117所示。

图7-117 Cut（修剪）头部线段

步骤10 调节顶点的位置，使用Cut（修剪）命令，按照箭头的方向连接线段，如图7-118所示。

步骤11 按照下图所圈选的线段，单击Remove（移除）命令，将这几条线段去除，如图7-119所示。

图7-118 Cut（修剪）头部线段

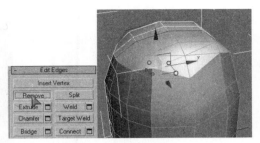

图7-119 移除线段

步骤12 在下图箭头所指的面中用Cut（修剪）命令连接线段，选择头部的点并向上移动，使用Cut（修剪）命令连接出鼻子的形状，如图7-120所示。

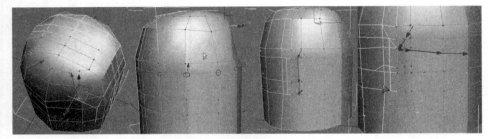

图7-120 Cut（修剪）出鼻子的形状

步骤13 使用Cut（修剪）命令按照下图箭头的指向连接线段，将嘴与下巴的连接线段修剪出来，如图7-121所示。

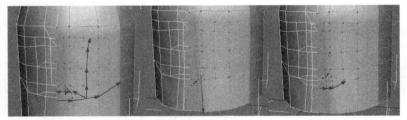

图7-121 Cut（修剪）出嘴与下巴

步骤14 将几个游离的点进行Collapse（塌陷），将其合并为一个点，如图7-122所示。

步骤15 进入Element（元素）级别，选择头部，在Smoothing Groups（平滑组）项目中单击Clear All（清除）按钮，将原来的平滑组去掉，使物体显示为折角效果，如图7-123所示。

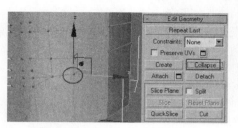

图7-122 Collapse（塌陷）点

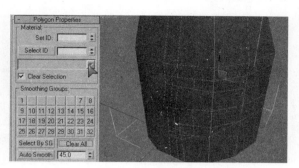

图7-123 去掉平滑组

7.3.2 ▶ 制作武士的鼻子与嘴

步骤1 选择鼻子上的点并向外移动，拉出鼻子的形状。使用Cut（修剪）命令，将鼻子上的连接线段修剪出来，进入Vertex（顶点）级别，使用移动工具调整点的位置，如图7-124所示。

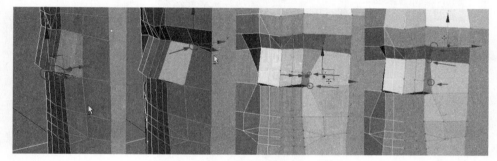

图7-124 Cut（修剪）线段并且调整点

步骤2 使用Remove（移除）命令，将面上对角的线段去除，如图7-125所示。

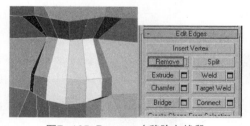

图7-125 Remove（移除）线段

步骤3 进入Vertex（顶点）级别，使用移动工具调整点的位置，将嘴的形状拉伸出来，如图7-126所示。

图7-126 调整嘴的形状

步骤4 按箭头的方向调整出嘴唇、鼻子和鼻头的形状，如图7-127所示。

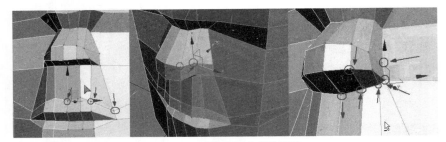

图7-127 调整鼻子和嘴的形状

步骤5 使用Target Weld（目标焊接）工具，焊接鼻角上的顶点，如图7-128所示。

图7-128 Target Weld（目标焊接）

步骤6 使用Remove（移除）命令，将左图中圈选的线段去除。在红色箭头方向，使用Cut（修剪）工具将线段进行连接。使用Target Weld（目标焊接）工具，将顶点按照右图箭头所指的方向进行焊接，如图7-129所示。

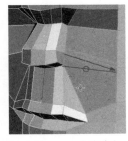

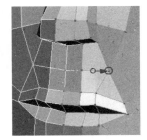

（a）Remove（移除）　　　　　（b）Cut（修剪）　　　　（c）Target Weld（目标焊接）

图7-129 清理线段

步骤7 调整鼻子和嘴上的顶点，按照左图箭头方向向下移动。使用Cut（修剪）命令，按照右图箭头所指的方向划分出眼睛的轮廓，如图7-130所示。

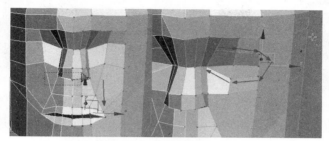

图7-130 用Cut（修剪）连接线段

步骤8 按下Delete键，将头部底下的面进行删除。使用Cut（修剪）命令，按照右图箭头所指的方向划分出下巴的轮廓，如图7-131所示。

 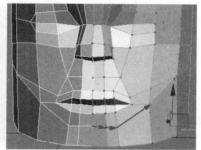

（a）删除面　　　　　　　　　（b）Cut（修剪）线段

图7-131 划分下巴轮廓

步骤9 选择移动工具，调节胡子下面的顶点，将其移动至箭头所指的位置，如图7-132所示。

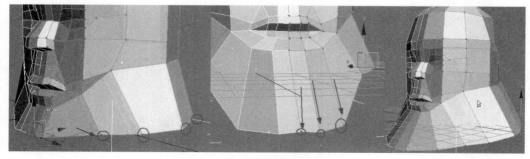

图7-132 调节胡子上的点

步骤10 使用Cut（修剪）命令，按照下图箭头所指的方向连接线段。重新划分嘴部和脸部的线段，如图7-133所示。

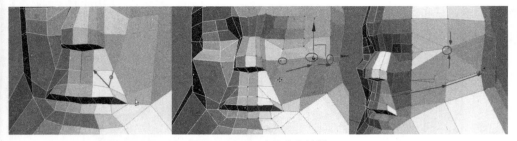

图7-133　Cut（修剪）线段

步骤11 选择圈选的线段，单击Remove（移除）按钮将其移除，如图7-134所示。

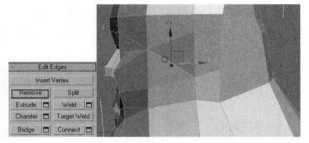

图7-134　Remove（移除）线段

7.3.3 ▶ 制作武士的耳朵

步骤1 选择耳朵上的面，使用Bevel（倒角）命令将其进行拉伸，得到耳朵的形状，如图7-135所示。

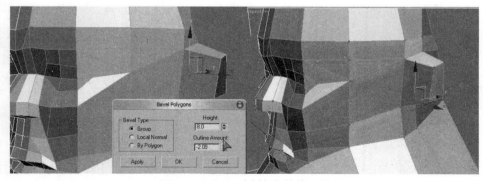

图7-135　Bevel（倒角）拉伸耳朵

步骤2 使用Cut（修剪）工具连接耳朵上的线段。单击Target Weld（目标焊接）命令，将耳朵上的顶点焊接在一起，如图7-136所示。

图7-136 Target Weld（目标焊接）点

步骤3 使用Cut（修剪）命令，按照箭头的方向划分耳朵上的线段，如图7-137所示。

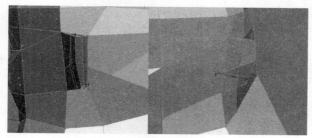

图7-137 Cut（修剪）线段

步骤4 调节耳朵上的顶点，使其向内移动，调整出耳朵的凹度。使用Cut（修剪）命令，按照箭头所指的方向划分耳朵后面的线段，如图7-138所示。

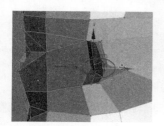

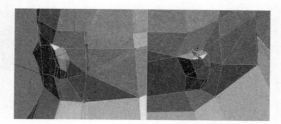

（a）移动点   （b）Cut（修剪）线段

图7-138 调整耳朵

步骤5 选择下图标记出的线段，使用Remove（移除）命令将线段移除，如图7-139所示。

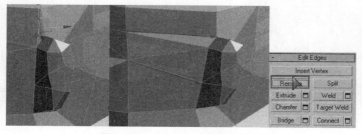

图7-139 Remove（移除）线段

步骤6 选择Cut（修剪）命令，按照箭头所指方向划分眼角和嘴角的线段，如图7-140所示。

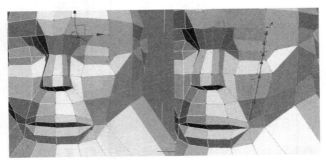

图7-140 Cut（修剪）线段

7.3.4 制作武士的头盔

步骤1 选择头部的面，单击Extrude（挤出）命令，将头盔的边缘制作出来，如图7-141所示。

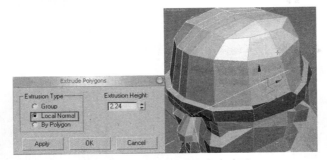

图7-141 Extrude（挤出）多边形

步骤2 在Vertex（顶点）级别下，选择眼睛上的顶点向外拉动。选择头盔上的顶点，调整出边缘的形状。将脸上的顶点向外移动，调整出下眼眶的形状，如图7-142所示。

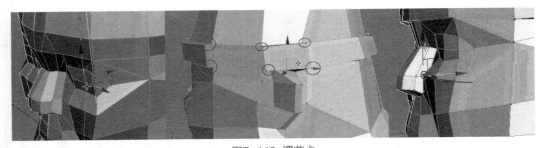

图7-142 调节点

步骤**3** 使用Cut（修剪）命令，按照箭头的方向划分脸部的线段，选择头盔上的顶点，单击Chamfer（切角）命令，将发辫的面切出来，如图7-143所示。

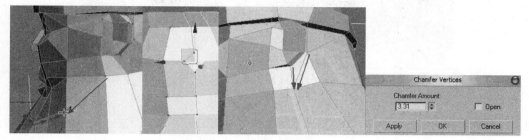

图7-143 Cut（修剪）线段

步骤**4** 选择切角得到的面，使用Bevel（倒角）命令将其拉伸出来。按下Delete（删除）键将红色的面删除。选择尖角上的顶点并进行Collapse（塌陷），将所有的顶点合并起来，如图7-144所示。

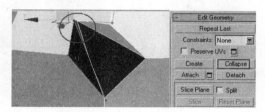

（a）删除面　　　　　　　　　　（b）Collapse（塌陷）点

图7-144 删除面后塌陷点

步骤**5** 使用同样的方法制作出其余的尖角，如图7-145所示。

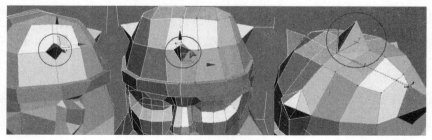

图7-145 制作尖角

步骤**6** 使用Cut（修剪）命令，按照箭头的方向划分和连接头部后面的线段，如图7-146所示。

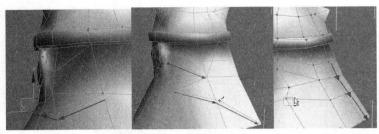

图7-146　Cut（修剪）线段

步骤7 调整顶点的位置，将头部最后的形状制作出来，如图7-147所示。

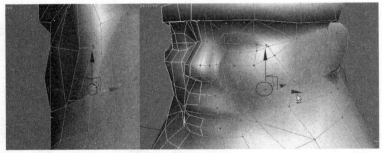

图7-147　调整点

7.3.5 ▶ 制作武士的身体

　　步骤1 在Create（创建）面板中，创建一个Box（长方体），在Modify（修改）面板中调节其参数。选择Box（长方体），单击鼠标右键，在弹出的快捷菜单中选择Convert to Editable Poly（转换为可编辑多边形）命令，将它转换为多边形物体。在Modify（修改）面板中选择Vertex（顶点）级别，将长方体一半的点选择上。按下Delete（删除）键，将一半的长方体删除。使用移动工具调节顶点的形状，如图7-148所示。

　　步骤2 在Modifier List（修改器列表）中，为物体添加Symmetry（对称）修改器，将另一半的身体复制出来。在Mirror Axis（镜像轴）项目下调整对称方向，如图7-149所示。

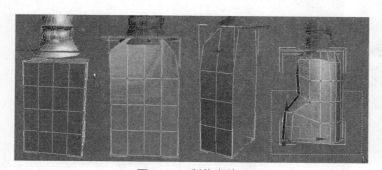
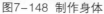

图7-148 制作身体

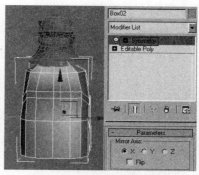

图7-149 Symmetry（对称）复制

步骤3 调节Vertex（顶点），得到身体的形状。在身体中线上按下Cut（修剪）命令，按照箭头所指的方向连接线段。选择身体顶部的面，按下Delete（删除）键将其删除，如图7-150所示。

步骤4 进入Vertex（顶点）级别，使用Cut（修剪）命令，按照箭头所指方向连接线段，如图7-151所示。

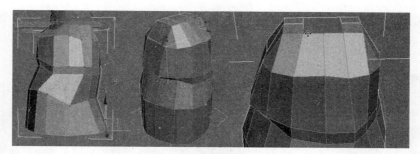

图7-150 调整身体的形状

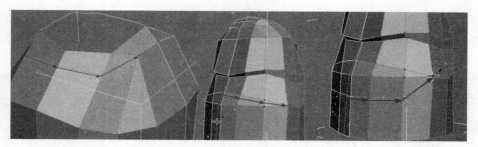

图7-151 Cut（修剪）线段

步骤5 进入Edge（边）级别，选择圈选的线段，在Modify（修改）面板中找到Remove（移除）命令，将圈选的线段移除。切换至Vertex（顶点）级别，查看是否有游离的点，将游离的顶点移除，如图7-152所示。

步骤6 调节红框内的Vertex（顶点），调整出身体的形状。使用Cut（修剪）命令，按照箭头所指的方向连接线段，如图7-153所示。

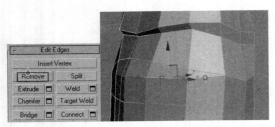

图7-152 Remove（移除）线段

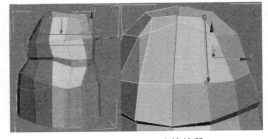

图7-153 连接线段

步骤7 选择手臂上的面，使用Extrude（挤出）命令，拖曳出手臂的形状，同时选择旋转工具，调整拖曳的方向，如图7-154所示。

步骤8 使用缩放工具将面进行挤压，如图7-155所示。

步骤9 在腋下位置使用Cut（修剪）命令，按照箭头的方向连接线段。进入Vertex（顶点）模式，调整顶点的位置，如图7-156所示。

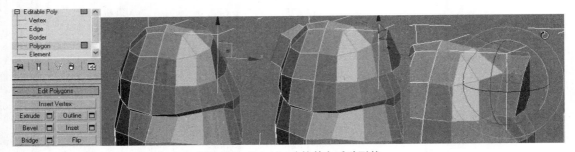

图7-154 Extrude（拉伸）手臂形状

图7-155 缩放手臂上的面

图7-156 Cut（修剪）工具连接线段，调整顶点

步骤10 调节红框内的顶点。选择所有的底面并删除，如图7-157所示。

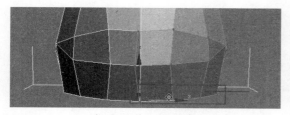

（a）调节红框内的点　　　　　　　　　　（b）删除面

图7-157 调整顶点后删除面

步骤11 进入Edge（边）级别，选择开放的边，按住键盘上的Shift键，使用缩放工具进行缩放，得到新的面。调节顶点的位置，使顶点舒展开，如图7-158所示。

图7-158 调整裙子上的点

步骤12 再次选择开放的边，按住键盘上的Shift键，同时用使移动工具进行拉伸，得到新的面。进入Vertex（顶点）级别，调整顶点位置，如图7-159所示。

步骤13 按照箭头的方向调整顶点，得到肚子和裙子的形状，如图7-160所示。

图7-159 拉伸面　　　　　　　　　　　　图7-160 调整顶点

步骤14 按照箭头的方向调整顶点，得到身体模型的轮廓，如图7-161所示。

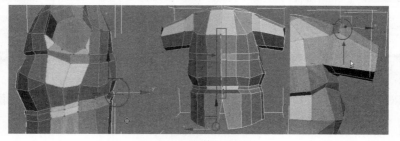

图7-161 调整身体形状

步骤15 在缺少段数的地方使用Connect（连接）命令，为竖向的边添加一条直线，如图7-162所示。

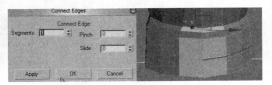

图7-162 Connect（连接）线段

步骤16 选择前臂上的面，进行Bevel（倒角）处理，得到手臂的形状，如图7-163所示。

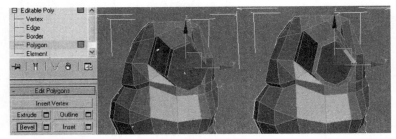

图7-163 手臂造型

步骤17 继续使用旋转、移动工具调整个身体的比例和形状，如图7-164所示。

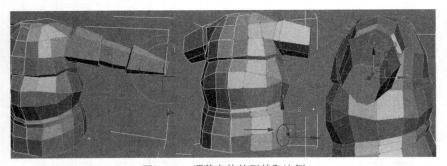

图7-164 调整身体的形状和比例

步骤18 在缺少段数的地方，使用Connect（连接）命令，为手臂的边上添加竖向截面线段，增加手臂的段数，如图7-165所示。

步骤19 使用Cut（修剪）命令，按照箭头方向连接线段，增加手臂上的分段数，如图7-166所示。

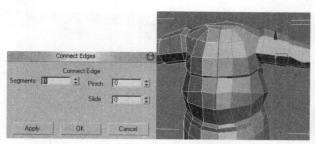

图7-165 Connect（连接）竖向截面线段

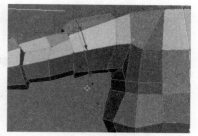

图7-166 Cut（修剪）手臂分段线段

7.3.6 > 制作武士的手掌

步骤1 选择手腕的面，使用Bevel（倒角）命令拉伸出手掌的模型。配合移动、旋转、缩放工具调整手掌的形状，如图7-167所示。

图7-167 制作手掌

步骤2 使用Cut（修剪）命令，按照箭头方向连接线段，划分出手指的段数，如图7-168所示。

步骤3 使用Bevel（倒角）命令拉伸出手指的部分，同时配合移动、旋转、缩放工具调整手掌的形状，如图7-169所示。

图7-168 划分手指分段线

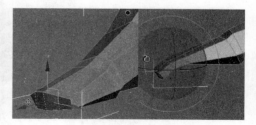

图7-169 拉伸手指

步骤4 使用Bevel（倒角）命令，拉伸出大拇指部分，如图7-170所示。

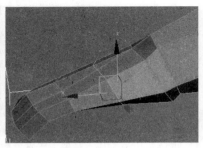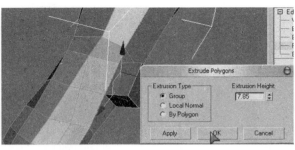

图7-170 拉伸大拇指

步骤5 通过旋转，将面的位置和角度调整出来，如图7-171所示。

步骤6 选择点，调整出手形。最后效果如图7-172所示。

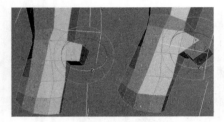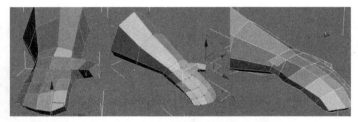

图7-171 旋转面   图7-172 调整手的形状

步骤7 选择手腕上的一条边，单击Extrude（挤出）命令，拉伸出手腕上的绷带，如图7-173所示。

步骤8 使用Cut（修剪）命令，按照箭头的方向连接线段，制作出肩甲的形状。同时在前臂上也添加两条线段，如图7-174所示。

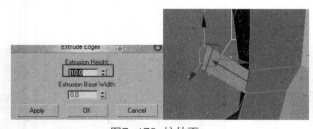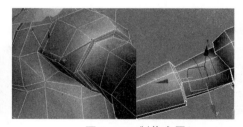

图7-173 拉伸面   图7-174 制作肩甲

步骤9 在Modify（修改）面板中执行Symmetry（对称）命令，将身体的另一半制作出来。使用平滑组将其平滑，如图7-175所示。

步骤10 选择裙子上的一条边，使用Extrude（挤出）命令，拉伸出裙子上的布，如图7-176所示。

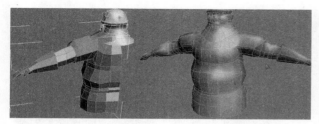

图7-175 Symmetry（对称）复制

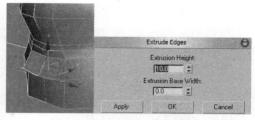

图7-176 拉伸出裙子上的布

步骤11 调整拉伸来的布，在上面填加线段，并将布的背面删除。选择圈选的点，调整腰带的形状，如图7-177所示。

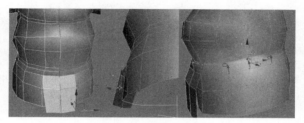

图7-177 调整腰带形状

7.3.7 ▶ 制作裤子与脚

步骤1 在创建面板中创建一个Box（长方体），并在修改面板中调节其参数。然后选择Box（长方体），单击鼠标右键，在弹出的快捷菜单中选择Convert to Editable Poly（转换为可编辑多边形）命令，将它转换为多边形物体。然后在Vertex（顶点）模式下调整点的形状，如图7-178所示。

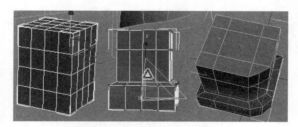

图7-178 转换为多边形并调节点

步骤2 使用Remove（移除）命令将多余的线段移除，如图7-179所示。

步骤3 选择裤子底部的面，使用Bevel（倒角）命令拉伸出裤子的形状，如图7-180所示。

步骤4 再次选择裤子底部的面，拉伸出脚的形状，如图7-181所示。

步骤5 使用旋转、缩放工具调整出脚的形状，如图7-182所示。

步骤6 在脚上添加截面线段，使脚面的转折更加柔和。调整顶点的位置，将脚的形状放大，如

图7-183所示。

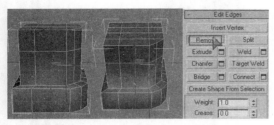

图7-179 Remove（移除）线段

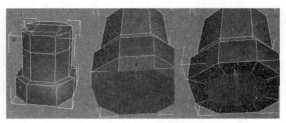

图7-180 Bevel（倒角）面

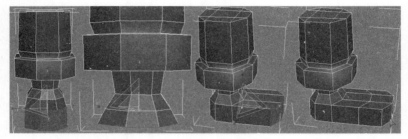

图7-181 Bevel（倒角）脚

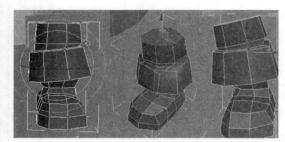

图7-182 调整脚的形状

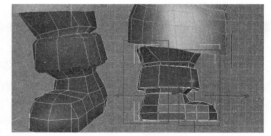

图7-183 放大脚的形状

步骤7 将身体与脚进行Attach（结合），使其成为一个物体，如图7-184所示。

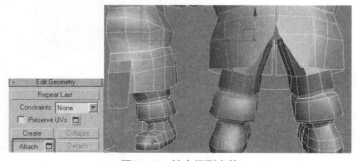

图7-184 结合脚到身体

步骤8 打开修改面板，为物体添加Symmetry（对称）修改器，将身体的另一半制作出来。可以发现脚也进行了镜像复制，如图7-185所示。

步骤9 完成模型的制作，如图7-186所示。

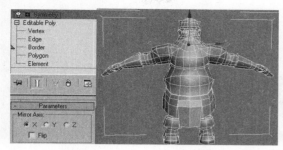

图7-185 Symmetry（对称）复制

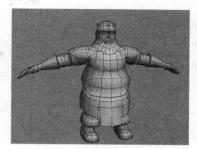

图7-186 完成模型

7.4 女武士模型建立

7.4.1 制作头部模型

步骤1 首先我们来创建参考背景。执行View>Viewport Background> Viewport Background（视图>背景视图>背景视图）菜单命令，打开Viewport Background（背景视图）对话框。

步骤2 单击Files（文件）按钮，将图片文件导入场景中，勾选Match Bitmap（匹配位图）及Lock Zoom/Pan（锁定缩放）选项，将图片锁定在前视图上。单击OK（确定）按钮，如图7-187所示。

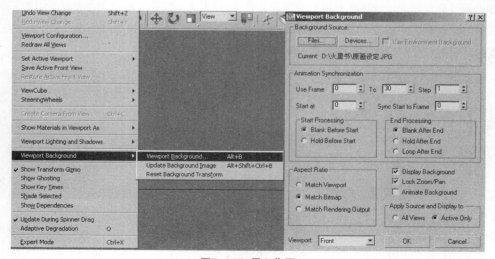

图7-187 导入位图

步骤3 在视图中创建一个Box（长方体），在修改面板中调节段数，将头部分成3个部分。右键单击Box（长方体），在弹出的快捷菜单中选择Convert to Editable Poly（转换为可编辑多边形），将Box（长方体）调节成头部形状，如图7-188所示。

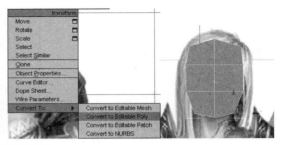

图7-188 制作头部模型

步骤4 删除一侧的面。按下Alt+C键切换到Cut（修剪）模式，为模型划分拓扑结构。首先切割出眼睛与嘴的轮廓，然后将眼睛、嘴与参考图对位。按下Alt+X键将模型变成半透明状态，以便进行调节，如图7-189所示。

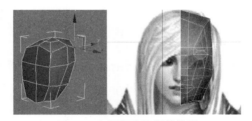

图7-189 根据贴图调整模型

步骤5 调节嘴角形状，选择嘴部中间的线段，在Edge（边）级别下单击Chamfer（切角）命令，将嘴部线段分开，删除多余的面。嘴角是面部表情最丰富的地方，需要按照肌肉的走向进行布线，才能减少制作面部动画时点和面的拉扯。调整和焊接嘴角顶点，如图7-190所示。

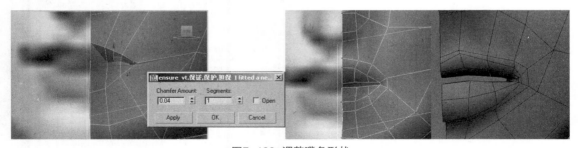

图7-190 调整嘴角形状

步骤6 调整眼部形状。将眼部的边调节成椭圆形，在边级别下单击Ring（环形）按钮，选择Connect（连接）命令为眼部添加线段，如图7-191所示。

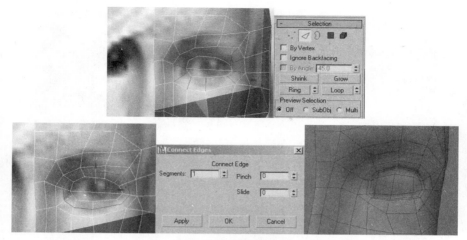

图7-191 调整眼部形状

步骤7 调整脸部形状，为脸部添加多条线段，使得拓扑线段疏密得当，并使模型与图片尽量匹配，完成效果如图7-192所示。

图7-192 调整脸部形状

步骤8 镜像对称模型，在修改面板中添加Symmetry（对称）修改器，将脸部镜像复制，完成头部模型制作，如图7-193所示。

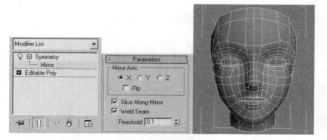

图7-193 完成头部模型

步骤9 添加TuboSmooth（涡轮平滑）修改器，检查模型的布线情况。根据原画，模型中的头发已经遮住了耳朵，所以耳朵的制作可以省略，如图7-194所示。

图7-194 检查模型

步骤10 制作头发。创建球体，将球体转变为多边形，重新划分多边形结构，对面进行挤压，调整出头发的形状。调整时需要注意头发的厚度与脸型之间的比例关系，如图7-195所示。

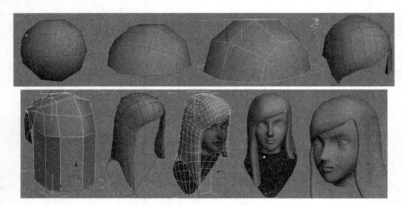

图7-195 制作头发

7.4.2 身体的制作

步骤1 再次创建一个Box（长方体），并将其转换为可编辑多边形。按照参考图调节点的位置，使用Cut工具增加模型的线段，调整出身体的大体形状。挤压出腿的形状，调节腿与身体的比例关系。选择臀部的面，挤压并细分身体上的线段。使用对称命令将身体的另一半进行复制，如图7-196所示。

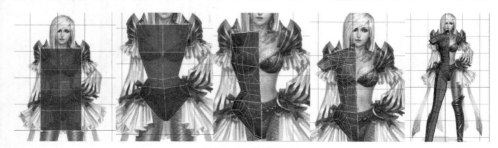

图7-196 制作躯干

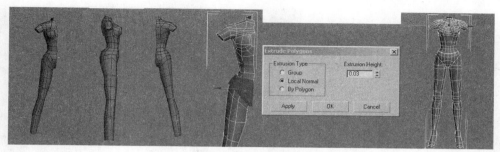

图7-196 制作躯干（续）

步骤2 制作脚与手臂。选择角色的小腿部分的面，在Modify【修改】面板中单击Detach（分离）命令将其从身体中分离出来。进入顶点级别，调节腿甲的形状。创建圆柱体并转换为多边形，使用缩放工具将衣袖制作出来，如图7-197所示。

图7-197 制作脚与手臂

步骤3 制作手掌。创建一个长方体，添加段数并调节出手指的形状。创建手掌模型，将手指与手掌进行焊接，完成手的制作，如图7-198所示。

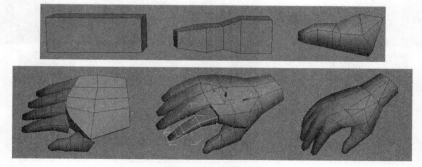

图7-198 制作手掌

步骤4 将头部与身体焊接。将头部的线段数与颈部的线段数调整为一致，进入顶点级别，选择Weld（焊接）命令，连接颈部与头部。身体的其他部分也使用同样的方法进行焊接，如图7-199所示。

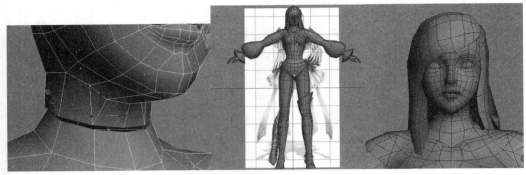

图7-199 焊接模型

步骤1 制作肩甲。创建一条Spline（样条线）。使用Connect（连接）命令，选择线段并按住Shift键向上拖动，得到四边线段。添加Surface（曲面）修改器，并将Steps（步数）调整为0。单击鼠标右键，在弹出的快捷菜单中选择转换为多边形命令，将其转变为多边形物体，使用Cut（修剪）命令增加肩甲的段数，在顶点级别下调整出肩甲的形状，如图7-200所示。

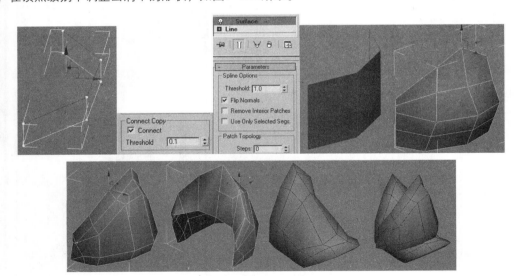

图7-200 制作肩甲

步骤2 制作胸甲。选择角色胸部的面，使用Detach（分离）命令将胸甲分离出来。

注意：分离时勾选Detach As Clone（作为克隆物体分离）选项，可使其成为复制对象，如图7-201所示。

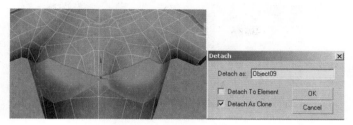

图7-201 选择Detach As Clone

步骤3 为胸甲物体添加Shell（壳）命令，将其制作出厚度，然后将胸甲也转换为可编辑的多边形，删除内侧的面，并将胸甲进行连接，如图7-202所示。

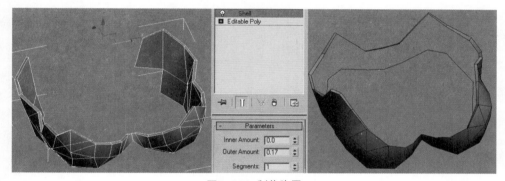

图7-202 制作胸甲

步骤4 使用同样的方法制作出身体其他各部分的盔甲，如图7-203所示。

步骤5 将盔甲与身体模型结合为一个物体。选择身体模型，单击Attach（结合）命令将盔甲合并至身体模型上，修改身体各个部分的细节，完成整个模型的制作，如图7-204所示。

图7-203 完成的盔甲

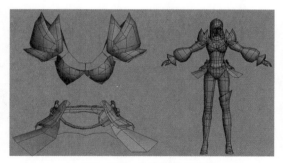

图7-204 合并盔甲与身体

模型完成效果如图7-205所示。

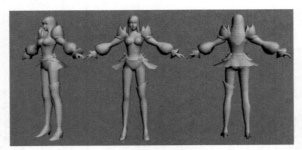

图7-205 最终模型

本章总结与思考练习

本章主要介绍了人体的比例结构，并通过3个实例介绍了动画角色模型的制作方法，这些命令在动画角色模型制作中是很常用的，一定要掌握其用法及应用场合。

简答题：

1. 什么叫"三庭五眼"？

2. 不同年龄的身体比例特点是什么？

3. 列出面部肌肉组织名称。

4. 列出手臂的肌肉、颈部肌肉、背部的肌肉、身体正面的肌肉组织名称。

5. 绘画出人体侧面和正面的身体比例图。

操作题：

制作女人体，制作方法如图7-206所示。

注意：对于女人体的解剖，我们可以根据下面的建模过程进行建立，在建模过程中要注意女人体的起伏变化，主观地突出女人体的曲线特征，尽量将小的细节也做出来，这样才能达到较好的视觉效果。

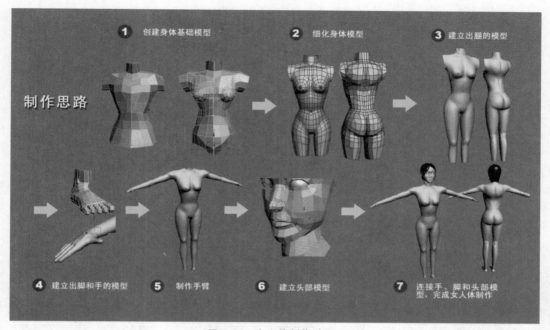

① 创建身体基础模型　　**②** 细化身体模型　　**③** 建立出腿的模型

制作思路

④ 建立出脚和手的模型　　**⑤** 制作手臂　　**⑥** 建立头部模型　　**⑦** 连接手、脚和头部模型，完成女人体制作

图7-206 女人体制作过程

◈ 第8章 动画材质贴图基础与实例

8.1 基础材质

材质在三维动画制作中是一门非常重要的课，材质好比是对象的衣服或皮肤，我们在制作了模型后并不知道这个模型究竟是什么属性，只有为其添加了材质，才能知道这是什么对象，如木头、金属、塑料等。材质制作分为几部分：第1部分是确定添加材质的方法。如果是简单的对象，可以直接添加材质，如地板、钢管等；如果是较复杂的对象，就要用到展开贴图的制作方法了，如生物对象、人体、怪兽等；第2部分是为对象添加什么样的材质，是贴图材质还是程序材质，多数情况下，我们使用的是贴图材质；第3部分就是添加材质，如果是简单的对象，我们可以直接添加，如果是复杂的对象就要为其指定不同的材质ID号，并添加贴图坐标等。需要注意的是，指定材质后，要通过 ◉ （渲染器）进行渲染才能得到真实的材质效果图片。

首先让我们来认识一下3ds Max软件中制作材质的利器——材质编辑器。

8.1.1 认识材质编辑器

材质编辑器是用来编辑制作材质的工具，单击工具栏中的 按钮或选择菜单栏中的Rendering（渲染）/Material Editor（材质编辑器）就可以弹出材质编辑器对话框，如图8-1所示。

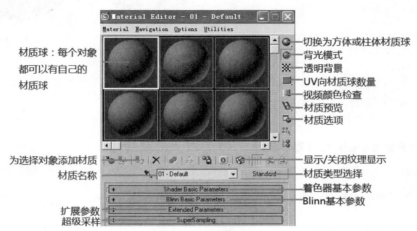

图8-1 材质编辑器

1 Shader Basic Parameters（着色器基本参数）

Shader Basic Parameters（着色器基本参数）用于设置材质的基本属性，如这个材质是金属还是塑料等，在设置材质时可以根据我们对材质的不同要求来设置相应的材质属性，如图8-2所示。

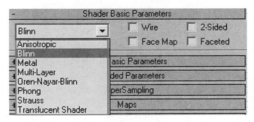

图8-2 Shader Basic Parameters

Wire（线框）：勾选此项，渲染后可以将材质显示为线框，如图8-3所示。

2-Sided（双面）：勾选此项，渲染后可以显示出对象的双面材质，如图8-4所示。

Face Map（面贴图）：勾选此项，渲染后可以设置每个面上都产生贴图，如图8-5所示。

Faceted（面状）：勾选此项，渲染后可以将对象以自身的折角面进行显示，如图8-6所示。

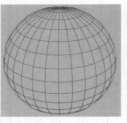

图8-3 Wire　　　　图8-4 2-Sided　　　　图8-5 Face Map　　　图8-6 Faceted

注意：只有单击 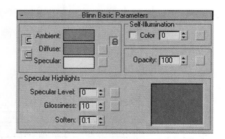（为对象指定材质）按钮才能真正为对象表面添加材质，然后单击菜单栏的 （渲染）按钮才能渲染出带有材质的图像。

2 Basic Parameters（基本参数）

Basic Parameters（基本参数）根据不同的材质参数来更改材质的基本参数。如果我们使用Blinn材质类型，那么基本材质的参数就会改为Blinn Basic Parameters（Blinn基本参数），如果使用别的材质参数类型，相应的基本参数也会随之改变。同时在基本参数中，我们可以通过调节参数值来改变材质的效果，如图8-7所示。

图8-7 Blinn材质的基本参数

Ambient（环境颜色）：此参数代表环境颜色对对象产生的反射颜色。

Diffuse（漫反射颜色）：对象固有的颜色，在不受光线的影响下为对象的自身颜色。

Specular（高光颜色）：设置对象在高光状态下反射出来的最亮部分的颜色。

注意：在这3种颜色的后面单击颜色框会弹出调色盘，拾取上面的颜色即可更改材质球的颜色。

3 Maps（贴图）

单击后面的None（无）按钮可以将贴图纹理图片导入，可以用纹理图片作为贴图添加到对象上，以产生不同的材质属性，数值的大小可以改变贴图的融合程度，如图8-8所示。

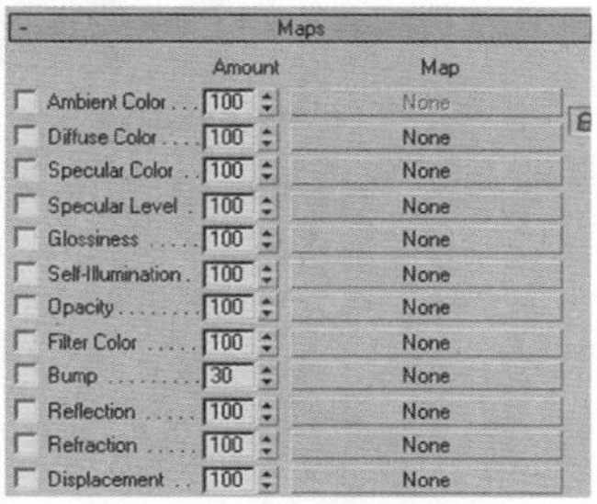

图8-8 Maps（贴图）

Ambient（环境色）：使用贴图来取代环境色，使对象的阴影产生贴图的效果。默认状态与漫反射贴图锁定在一起，如图8-9所示。

Diffuse（漫反射颜色）：使用贴图代替过渡颜色，产生贴图纹理，在材质中是最常用的功能，如图8-10所示。

Specular Level（高光水平）：使用贴图代替高光颜色，如图8-11所示。

Self-Illumination（自发光）：使用贴图代替自发光，在贴图中的白色代表自发光最强的区域，黑色代表没有自发光区域，如图8-12所示。

图8-9 Ambient

图8-10 Diffuse

图8-11 Specular

图8-12 Self-Illumination

Opacity（不透明度）：设置材质为不透明材质。在贴图中的白色区域代表不透明，黑色区域代表透明。在完全透明时对象也会接受高光，所以在制作透明贴图时要同时制作带有黑白区域的高光贴图，如图8-13所示。

Filter Color（过滤颜色）：使用贴图来代替扩展参数中的过滤色，如图8-14所示。

Bump（凹凸）：根据纹理贴图的黑白灰关系可以使对象产生凹凸不平的效果。白色为凸起，黑色为凹陷，如图8-15所示。

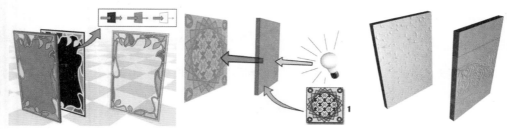

图8-13 Opacity   图8-14 Filter Color   图8-15 Bump

Reflection（反射）：像镜子一样反射图片纹理，也可以用Raytrace（光线跟踪）贴图类型制作镜面反射，如图8-16（a）所示。

Refraction（折射）：一般配合Raytrace（光线跟踪）贴图类型制作光线折射的效果，如图8-16（b）所示。

Displacement（置换）：制作凹凸的置换贴图，如图8-16（c）所示。

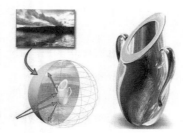  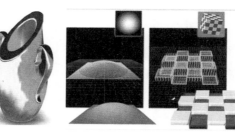

（a）Reflection   （b）Refraction   （c）Displacement

图8-16 反射、折射与置换

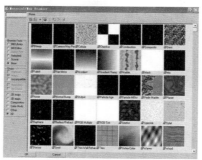

图8-17 材质类型浏览器

（1）2D材质类型

Bitmap（位图）：纹理贴图，直接用贴图图片作为贴图类型添加给对象。其他的图片或者动画格式都可以作为贴图，如：tga、bmp、avi、flc、ifl等，如图8-18（a）所示。

Checker Map（棋盘格）：两个颜色的方格组成贴图，颜色块也可以替换为贴图，如图8-18（b）所示。

Combustion：在使用Combustion和3ds Max软件时，可以在位图（Bitmap）上进行绘制，绘制效果会及时更新。

Gradient（渐变）：通过3个滑块创建一个直线或圆形渐变，如图8-18（c）所示。

Gradient Ramp（渐变坡度）：用多个颜色或混合颜色来制作垂直渐变，如图8-18（d）所示。

Swirl（漩涡）：制作两种颜色的旋转或贴图旋转，如图8-18（e）所示。

Tiles（瓦片）：制作砖墙类的贴图，如图8-18（f）所示。

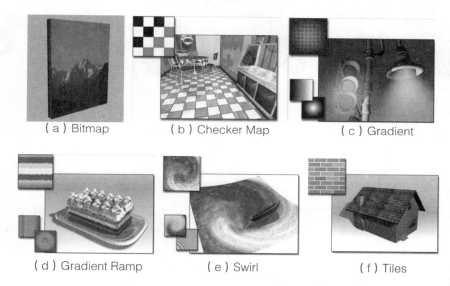

（a）Bitmap　　　（b）Checker Map　　　（c）Gradient

（d）Gradient Ramp　　　（e）Swirl　　　（f）Tiles

图8-18 2D材质模型

（2）3D材质类型

Cellular（细胞）：制作类似于细胞的不规则纹理，纹理颜色是可以调节的，如图8-19（a）所示。

Dent（凹痕）：模拟子弹穿过所留下的凹痕等效果，如图8-19（b）所示。

Falloff（衰减）：制作向内衰减的骨头效果，如图8-19（c）所示。

（a）Cellular　　　（b）Dent　　　（c）Falloff

图8-19 3D贴图（1）

Marble（大理石）：模拟不同颜色的大理石效果，如图8-20（a）所示。

Noise（噪波）：模拟不同凸凹程度的贴图效果，如图8-20（b）所示。

Particle Age（粒子年龄）：模拟粒子喷射时不同时间段的粒子颜色，如图8-20（c）所示。

（a）Marble   （b）Noise   （c）Particle Age

图8-20 3D贴图（2）

Particle Mblur（粒子运动模糊）：根据粒子速度进行模糊处理，能使粒子喷射时产生运动模糊的效果，如图8-21（a）所示。

Perlin Marble（珍珠岩大理石）：产生大理石花边的效果，如图8-21（b）所示。

Planet（行星）：通过颜色混合生成陆地和海洋，也可以通过控制岛屿的多少来模拟行星表面的材质，如图8-21（c）所示。

（a）Particle Mblur   （b）Perlin Marble   （c）Planet

图8-21 3D贴图（3）

Smoke（烟雾）：产生动态变化的烟雾、阴云、光中的尘埃等特殊效果，如图8-22（a）所示。

Speckle（斑点）：可用于模拟石块或花岗岩的效果，如图8-22（b）所示。

Splat（泼溅）：用于配合漫反射贴图，产生类似于油彩飞溅的效果，如图8-22（c）所示。

(a) Smoke　　　　　　(b) Speckle　　　　　　(c) Splat

图8-22　3D贴图（4）

Stucco（灰泥）：模拟灰泥剥落的墙面效果，用于Bump（凹凸）贴图，如图8-23（a）所示。

Waves（波浪）：产生平面或三维空间的水波纹效果，可以通过控制波纹的数目、振幅、波动的速度等来控制水面的波浪，如图8-23（b）所示。

Wood（木纹）：模拟木头纹理，用于漫反射贴图，是一个3D贴图程序，不会产生贴图接缝，如图8-23（c）所示。

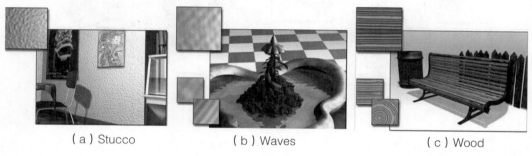

(a) Stucco　　　　　　(b) Waves　　　　　　(c) Wood

图8-23　3D贴图（5）

（3）合成材质类型

Composite（合成）：可以将多个贴图合成为一个贴图。通过Output Amount（输出数量）来调整贴图间的透明度，如图8-24（a）所示。

Mask（蒙版）：需要两张贴图能够制作出镂空的标志效果。在Map（贴图）中添加图片，在Mask（蒙版）中添加透明贴图，白色为不透明，黑色为透明，如图8-24（b）所示。

Mix（混合）：将两张贴图混合在一起，通过Mix Amount（混合数量）来调节混合程度，如图8-24（c）所示。

RGB Multiply（RGB倍增）：典型的凹凸贴图，允许两个颜色或贴图相乘，增加凹凸效果，如图8-24（d）所示。

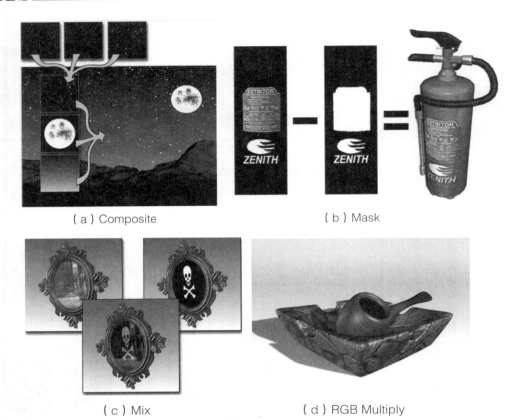

（a）Composite　　　　　　　　　　　（b）Mask

（c）Mix　　　　　　　　　　　（d）RGB Multiply

图8-24　合成材质贴图（1）

Flat Mirror（平面镜）：用于制作镜子上的反射，只能用于平面对象的反射，如图8-25（a）所示。

Raytrace（光线跟踪）：通常用于Reflect/Refract（反射/折射）贴图中，以表现真实对象间的反射与折射，如图8-25（b）所示。

Thin Wall Refraction（薄壁折射）：制作很薄的玻璃对象间的折射效果，如图8-25（c）所示。

（a）Flat Mirror　　　　　　（b）Raytrace　　　　　　（c）Thin Wall Refraction

图8-25　合成材质贴图（2）

8.1.2 ◀ 认识材质ID与贴图展开

1 设置材质ID

我们将6张贴图分别指定到立方体的6个面。

步骤1 创建一个立方体，并将它转换为可编辑多边形。在Face（面）子对象级别下选择立方体的顶面，并为立方体的每个面设定一个ID，如图8-26所示。

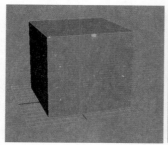 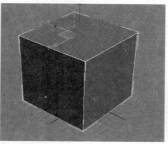

（a）转换为可编辑多边形 　　　　　　　　（b）分配ID号码

图8-26 创建立方体

步骤2 在修改面板设置好的ID面上添加Poly Select（多边形选择）修改命令，然后在Select by Material（按材质选择）中输入刚才设置的材质ID，我们会发现应用该材质的面被自动选择上了，如图8-27所示。

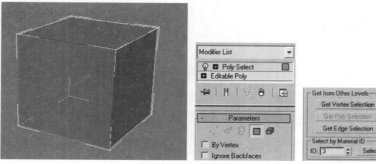

图8-27 选择多边形

步骤3 在修改列表中再添加UVW Mapping（UVW贴图）修改器，在这里可以设置贴图为Planar（平面），红色全选区域为正方向标志，单击Fit（适配）按钮，将平面适配到对象表面上，我们也可以通过旋转工具旋转坐标平面。其中Manipulate（操作）按钮可以在Gizmo（线框）模式下手动调节各边的长度，如图8-28所示。

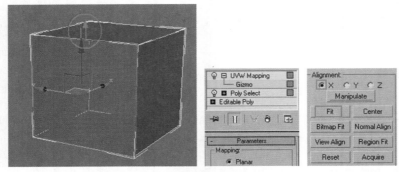

图8-28 适配贴图坐标

2 展开贴图

将对象的6个面展开为平面网格。

步骤1 在UVW Mapping（UVW贴图）修改命令上面再添加Unwrap UVW（展开UVW）修改命令，然后单击Edit（编辑）按钮就可以弹出Edit UVWs（编辑UVW）对话框，按图8-29来调整这个面的形状，使其缩放到蓝色框的一角。

图8-29 编辑展开UVW

步骤2 我们看到现在对象的修改堆栈中有4个修改命令，为了调整方便，我们可以将整个堆栈塌陷，塌陷后堆栈中只保留Editable Poly（可编辑多边形），只要我们在Editable Poly（可编辑多边形）上再添加Unwrap UVW（展开UVW）修改命令，就还能看到原来所展开的贴图，这样再制作其他面的坐标时就会变得简明轻松了。

需要注意的是，在塌陷时要选择堆栈顶部的Unwrap UVW（展开UVW）项，单击鼠标右键，在弹出的快捷菜单中选择Collapse All（塌陷全部）命令，然后会出现警告对话框，单击Yes按钮就可以塌陷了，如图8-30所示。

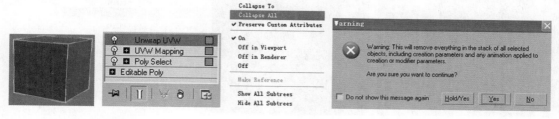

（a）修改堆栈 （b）塌陷快捷菜单

图8-30 选择Collapse All命令进行塌陷

步骤3 按照上述的方法将立方体的6个面全部展开，然后进行塌陷。最后我们可以在塌陷后的Editable Poly（可编辑多边形）上添加Unwrap UVW（展开UVW）命令，然后在编辑器中就可以看到刚才所展开的6个面了。选择Unwrap UVW（展开UVW）底部的Selection Mode（选择模式）为Face（面），然后勾选Select Element（选择元素）就可以选择面元素来调整贴图面了，如图8-31所示。

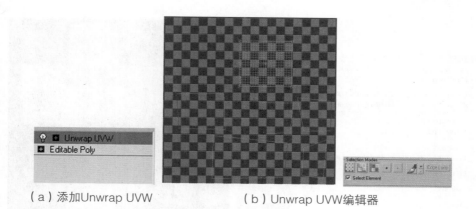

（a）添加Unwrap UVW （b）Unwrap UVW编辑器

图8-31 用面元素调整贴图

步骤4 调整贴图面的位置，当我们选择点时会发现与该点对应的点会呈蓝色显示，蓝色的点代表面与面的交接点。根据对接点的方向调整贴图面的位置，如图8-32所示，然后在Unwrap UVW（展开UVW）编辑器中的Tools（工具）菜单下选择Target Weld（目标焊接），将可以将对接的点进行焊接，贴图面就展平了，如图8-33所示。

图8-32 调整贴图面的位置　　　　　　　　图8-33 目标焊接点

步骤5 在Unwrap UVW（展开UVW）编辑器中Tools（工具）菜单下选择Render UVW Template（渲染UVW模板），在弹出的对话框中选择Mode（模式）为Normal（正常），在底部单击Render UVW Template（渲染UVW模板）按钮，将贴图渲染出来，然后单击保存按钮，将贴图保存为tga格式，以便在Photoshop软件中进行调用，如图8-34所示。

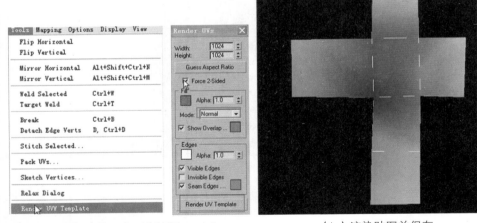

（a）Render UVW Template　　　　　　（b）渲染贴图并保存

图8-34 保存为贴图

步骤6 在Photoshop中按照顺序在贴图上绘画，也可以加入自己喜欢的图片，但要将绘画的图片对齐到贴图线框上，然后将图片再次保存为tga或tif格式的图片，如图8-35所示。

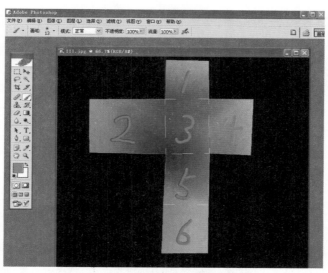

图8-35 在Photoshop软件中编辑贴图

步骤7 选择立方体对象，然后选择材质编辑器，在Maps（贴图）卷展栏中选择Diffuse Color（漫反射贴图），将修改过的图片添加给立方体，立方体上将按照我们所绘画的数字位置进行贴图，如图8-36所示。

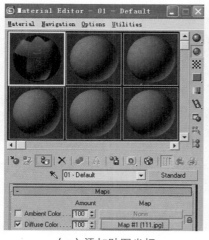

（a）添加贴图坐标

（b）展开贴图

图8-36 按坐标展开贴图

8.2 游戏场景的贴图制作

8.2.1 古代将军府的贴图制作 ▼

步骤1 打开模型文件并准备分离模型。在修改面板中展开Editable Poly（可编辑多边形），选择Face（面）级别，然后选择视图中模型的各个面进行Detach（分离），将面分离出多个单独的对象，如图8-37所示。Repeat Last（重复上一次）：重复对对象进行的上一次操作。

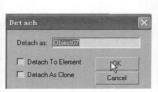 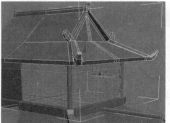

（a）Detach（分离）面   （b）分离墙与屋顶

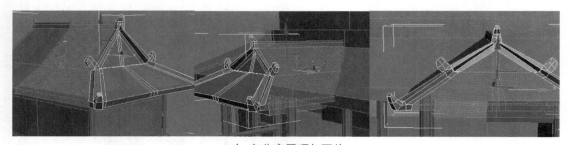

（c）分离屋顶与瓦片

图8-37 分离模型

步骤2 为房顶的部分添加UVW Mapping（UVW贴图）修改命令，选择相应的轴向并且在Gizmo状态下旋转坐标线框，将它Fit（适配）到对象上，如图8-38所示。

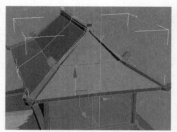

图8-38 Unwrap UVW（展开UVW）编辑器

步骤3 使用同样的方法为瓦对象部分的侧面添加贴图坐标，并且添加展开贴图命令，将贴图展平，如图8-39所示。

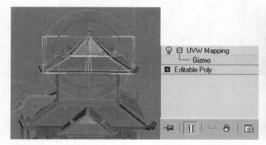

（a）添加贴图坐标　　　　　　　　　　（b）展开贴图

图8-39 为瓦进行贴图

步骤4 在为有些对象添加贴图坐标时，可以选择Cylindrical（柱体）贴图模式，这样在展开贴图时对象的各个面会完全展开，当然我们在展开贴图时还是要根据对象具体的形状来选择坐标模式，然后在Unwrap UVW（展开UVW）编辑器中调节贴图网格形状，如图8-40所示。

（a）旋转Cylindrical（柱体）贴图坐标模式　　　　　（b）调节贴图网格形状

图8-40 Cylindrical贴图

步骤5 按照上面的方法将所有分离出来的模型贴图展开，然后在Unwrap UVW（展开UVW）编辑器中的Tools（工具）菜单下选择Render UVW Template（渲染UVW模板），在弹出的对话框中选择Mode（模式）为Normal（正常），在底部单击Render UVW Template（渲染UVW模板）按钮，将所有贴图网格渲染出来，然后单击Save（保存）按钮，将贴图保存为tga或png格式，以便在Photoshop软件中进行编辑调用，如图8-41所示。

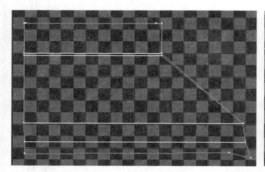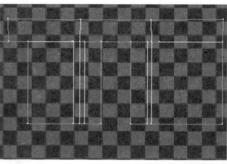

图8-41 编辑所有的展开贴图并渲染

步骤6 在Photoshop软件的网格线框上面绘制贴图，也可以加入照片进行编辑对位，然后将图片保存为JPEG格式的图片，以便在3ds Max中进行贴图，如图8-42所示。

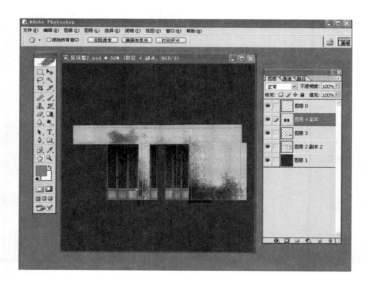

图8-42 在Photoshop软件中绘制贴图

步骤7 将所有展开后的贴图调入到Photoshop软件中进行修改和绘制，如图8-43所示。

（a）在Photoshop软件中绘画屋顶瓦

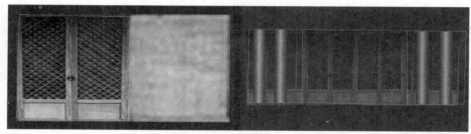

（b）在Photoshop软件中绘画门和窗

（c）在Photoshop软件中拼接门

图8-43 在Photoshop中绘制各种贴图

步骤8 将每个贴图材质都添加到对象上，然后将它们镜像复制出另一半就完成材质的制作了，如图8-44所示。

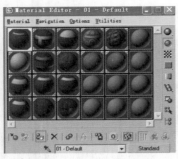
（a）贴图编辑器

（b）添加贴图

（c）镜像复制对象

图8-44 制作完整的贴图

步骤9 创建一个半球体，在修改面板中为它添加Normal（法线）命令，将内侧的面反转过来，然后为半球体添加UVW Mapping（UVW贴图），贴图坐标模式为Cylindrical（柱体），然后打开材质编辑器，将天空材质指定给半球体，如图8-45所示。

（a）添加材质

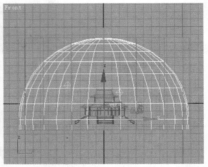
（b）添加贴图坐标

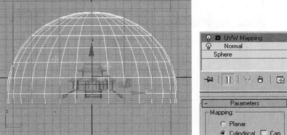

图8-45 指定天空材质

注意：在Gizmo状态下我们还会看到坐标线框有条绿色线，这条线是贴图两侧交接的部分，因此可以用旋转工具将这个线框旋转到视图看不到的地方再进行渲染，就看不到贴图中间的接缝了。

步骤10 单击渲染按钮渲染出场景各个角度的图片，如图8-46所示。

图8-46 渲染图片

8.2.2 ▶ **欧式古堡的贴图制作** ▼

步骤1 打开模型文件，在修改面板中选择Face（面）子对象级别，然后将主城堡上的每个面设置材质ID，如图8-47所示。

图8-47 设置材质ID为1

步骤2 按照步骤1的方法将主城堡上的其他部分分别设置材质ID，如图8-48所示。

（a）设置ID为2　　　　（b）设置ID为3　　　　（c）设置ID为4　　　　（d）设置ID为5

图8-48 设置城堡各部分的材质ID

步骤3 在修改面板的堆栈中添加Poly Select（多边形选择）修改命令，然后在Select by Material

（按材质选择）中输入刚才设置的ID，我们会发现应用该材质的面已被自动选择上了，然后在Poly Select（多边形选择）中再添加UVW Mapping（UVW贴图）修改命令，类型为Planar（平面），并调整好Gizmo线框的坐标位置，如图8-49所示。

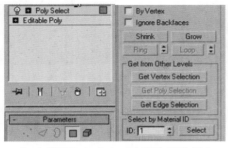
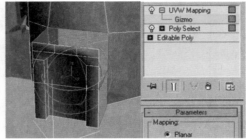

（a）添加Poly Select（多边形选择）　　　　（b）调整Gizmo线框的坐标位置

图8-49 添加UVW Mapping命令

步骤4 在修改堆栈中添加Unwrap UVW（展开UVW）命令，单击Edit（编辑）按钮，在弹出的贴图编辑器中调整这个面的形状，然后选择对象并单击鼠标右键，在弹出的快捷菜单中选择Convert to Editable Poly（转换为可编辑多边形），将堆栈中的4个修改命令都转换为Editable Poly（可编辑多边形）模型，贴图坐标同时还会保留，如图8-50所示。

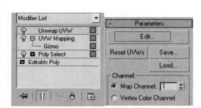
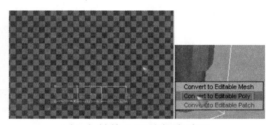

（a）在Unwrap UVW中调整面的形状　　　　（b）转换为可编辑多边形

图8-50 调整形状后转变为可编辑多边形

步骤5 将其余几个面都添加上贴图坐标和展开贴图修改命令，如图8-51所示。

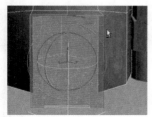

（a）Planar贴图

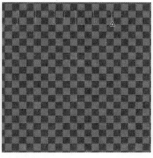

（b）Cylindrical 贴图及面的形状

（c）Planar贴图及面的形状

（d）Cylindrical贴图及面的形状

图8-51 贴图及面形状调整

步骤6 将所有的堆栈里的修改命令转换为Editable Poly（可编辑多边形），并在它的上面添加一个新的Unwrap UVW（展开UVW）修改命令，我们会发现原来所制作的贴图坐标还会保留，然后在Tools（工具）中选择Render UVW Template（渲染UVW模板），将贴图网格渲染出来，如图8-52所示。

（a）添加Unwrap UVW命令　　　　（b）编辑主城堡和侧面柱体的展开贴图并且渲染网格

图8-52　主城堡贴图展开并渲染网格

步骤7 将城堡其他部分的模型展开贴图并渲染网格，如图8-53所示。

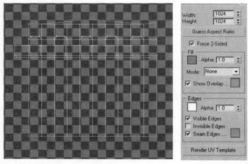

图8-53　城堡其余部分渲染网格

步骤8 在Photoshop软件中导入渲染后的网格线框，然后用画笔在网格线上绘画，也可以加入照片进行编辑对位，然后将贴图保存为JPEG格式的图片，以便在3ds Max中进行贴图，如图8-54所示。

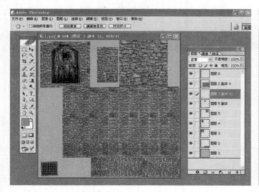
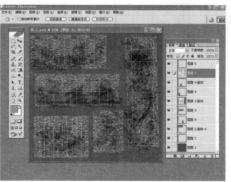

（a）绘画主城堡的门和城墙　　　　（b）绘画主城堡的侧面柱体

图8-54　绘制贴图

步骤9 打开材质编辑器，并将贴图材质都添加到城堡，如图8-55所示。

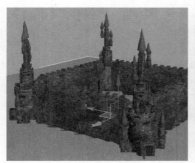

图8-55 添加材质

步骤10 渲染效果，如图8-56所示。

图8-56 渲染效果

8.2.3 武士模型的材质展开与制作

步骤1 打开武士模型文件，将身体一半的面删除，然后将身体的每个部分设置上材质ID号，如图8-57所示。

（a）删除面　　　　　　（b）设置ID

图8-57 为武士模型设置材质ID

步骤2 在Editable Poly（编辑多边形）的Face（面）级别下，将身体上的13个面分别选择，然后在Set ID（设置ID）里面输入数值，将所选的面分别设置上ID号，如图8-58所示。

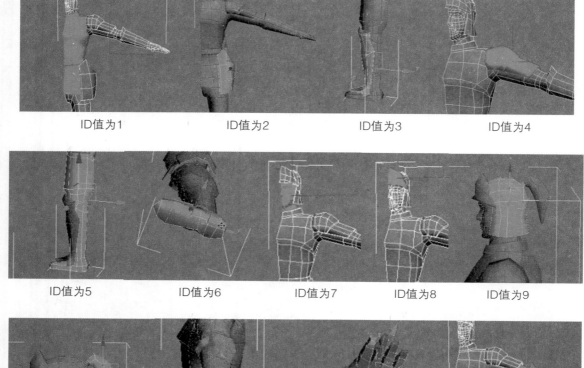

ID值为1　　　　　　　ID值为2　　　　　　　ID值为3　　　　　　　ID值为4

ID值为5　　　　　ID值为6　　　　　ID值为7　　　　　ID值为8　　　　　ID值为9

ID值为10　　　　　ID值为11　　　　　ID值为12　　　　　ID值为13

图8-58 设置各部位的ID号

步骤3 设置完ID号后在修改面板上的堆栈中添加Poly Select（多边形选择）修改命令，然后在Select by Material（按材质选择）中输入刚才设置的ID，我们会发现应用该材质的面被自动选择上了，然后在Poly Select（多边形选择）上面再添加UVW Mapping（UVW贴图）修改命令，类型为Cylindrical（圆柱），并调整好Gizmo线框的坐标位置。

在UVW Mapping（UVW贴图）上面添加Unwrap UVW（展开UVW）命令，单击Edit（编辑）按钮，

在弹出的贴图编辑器中调整面的形状，然后选择对象并单击鼠标右键，在弹出的快捷菜单中选择Convert to Editable Poly（转换为可编辑多边形），将堆栈中的4个修改命令都转换为Editable Poly（可编辑多边形）模型，贴图坐标同时还会保留，如图8-59所示。

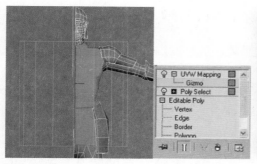

（a）UVW Mapping（UVW贴图）　　　　（b）Unwrap UVW（展开UVW）

图8-59 指定UVW贴图并展开

步骤4 按照上面的方法将身体其他部分进行UVW展开，如图8-60所示。

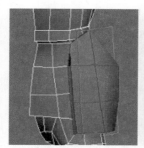  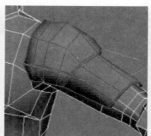 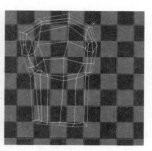

（a）设置UVW Mapping，类型为Planar

 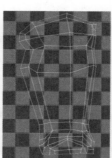  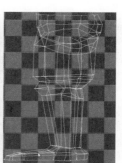

（b）设置UVW Mapping，类型为Planar

图8-60 设置并展开UVW贴图

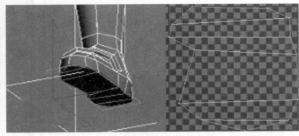 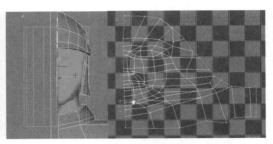

（c）设置UVW Mapping，类型为Planar   （d）设置UVW Mapping，类型为Cylindrical

 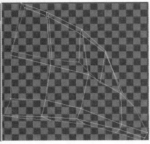 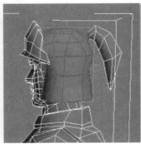 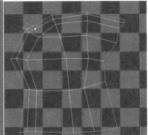

（e）设置UVW Mapping，类型为Planar

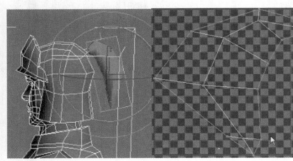 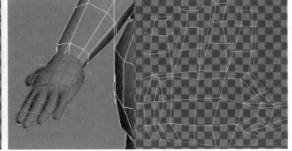

（f）设置UVW Mapping，类型为Planar

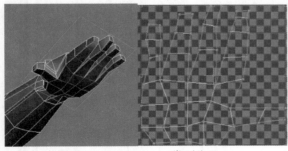 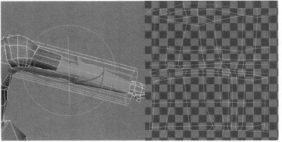

（g）设置UVW Mapping，类型为Planar   （h）设置UVW Mapping，类型为Cylindrical

图8-60 设置并展开UVW贴图（续）

步骤5 右键选择整个身体模型，在弹出的快捷菜单中选择Convert to Editable Poly（转换为可编辑多边形），将所有的堆栈里的修改命令转换为Editable Poly（可编辑多边形）模型，并在它的上面添加一个新的Unwrap UVW（展开UVW）命令，我们会发现原来所制作的贴图坐标还会保留，然后在Tools（工具）中选择Render UVW Template（渲染UVW模板）将整个模型的贴图网格渲染出来，最后将整个贴图保存起来，如图8-61所示。

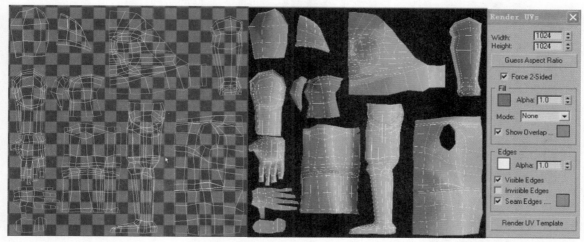

（a）展开UVW　　　　　　　　　　　　（b）网格渲染

图8-61 展开UVW并进行网格渲染

步骤6 在Photoshop软件中调入刚才渲染的图片，然后在网格线框中绘制贴图并进行保存，如图8-62所示。

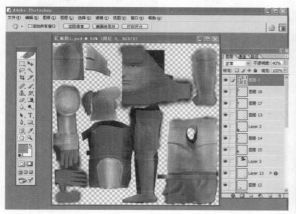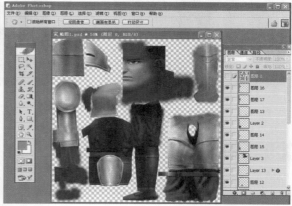

图8-62 绘制身体贴图

步骤7　选择模型并在材质编辑器中将绘制好的贴图添加给模型，然后Symmetry（镜像）复制出另一半的身体，最后选择整个身体模型，在弹出的快捷菜单中选择Convert to Editable Poly（转换为多边形），将整个身体转换为多边形对象，完成制作，如图8-63所示。

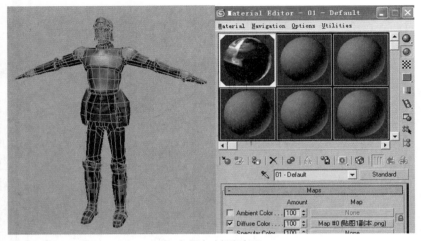

（a）添加材质贴图　　　　　　　　　　　　（b）Symmetry复制

图8-63　制作模型完成

步骤8　渲染最终效果图，如图8-64所示。

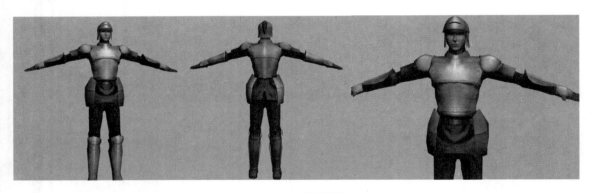

图8-64　完成效果图

8.2.4 ▶ 矮人武士模型的材质展开与制作

步骤1　打开矮武士模型文件，将身体一半的面删除掉，如图8-65所示。

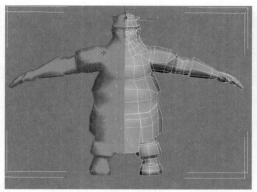 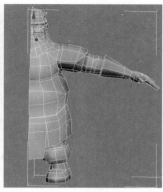

图8-65 删除面

步骤2 为身体的每个部分设置ID号码。首先在Editable Poly（可编辑多边形）中选择面，然后在Set ID（设置ID）中为选择的面设置材质ID号码，然后在Poly Select（多边形选择）中按顺序选择ID号码，在其上面添加UVW Mapping（UVW贴图），并设置坐标类型。最后添加Unwrap UVW（展开UVW）命令将贴图展开，并且将整个模型转换为多边形，如图8-66所示。

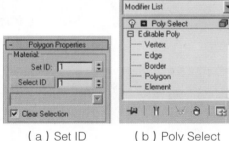  

（a）Set ID　　　　　（b）Poly Select　　　　（c）UVW Mapping　　　　（d）Unwrap UVW

图8-66 为贴图做准备

步骤3 按照上面的顺序对模型设置ID号，添加贴图坐标并且展开贴图，如图8-67所示。

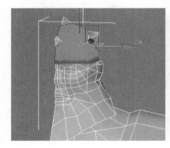 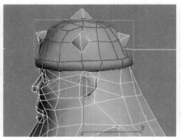 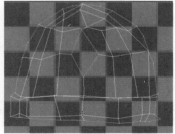

（a）头盔展开设置

图8-67 各部位展开设置

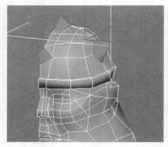  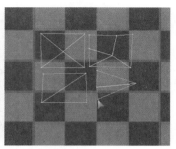

（b）尖角展开设置

 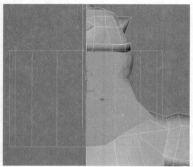 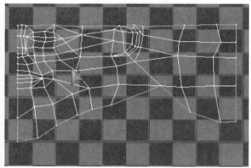

（c）面部展开设置

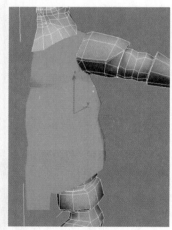 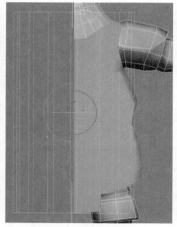 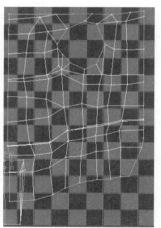

（d）身体展开设置

图8-67 各部位展开设置（续1）

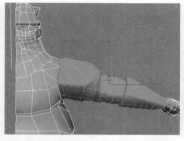

（e）手臂展开设置

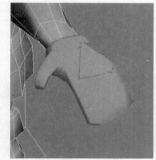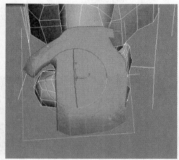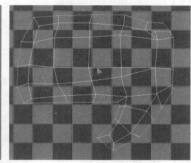

（f）手背展开设置

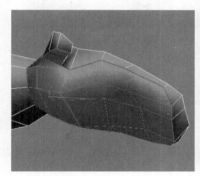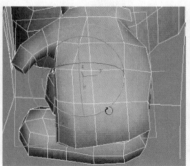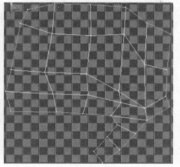

（g）手掌展开设置

图8-67 各部位展开设置（续2）

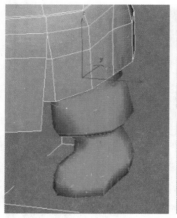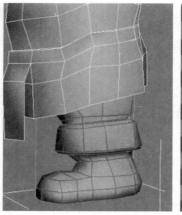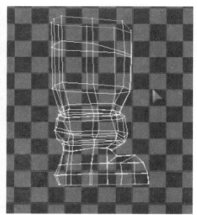

（h）腿部展开设置

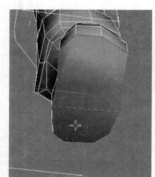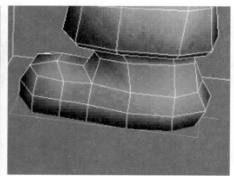

（i）脚底展开设置

图8-67 各部位展开设置（续3）

步骤4 右键单击整个身体模型，在弹出的快捷菜单中选择Convert to Editable Poly（转换为可编辑多边形），将堆栈里的全部修改命令转换为Editable Poly（可编辑多边形），并在它的上面添加一个新的Unwrap UVW（展开UVW）命令，我们会发现原来所制作的贴图坐标还会保留，然后在Tools（工具）中选择Render UVW Template（渲染UVW模板），将整个模型的贴图网格渲染出来，将整个贴图保存起来，如图8-68所示。

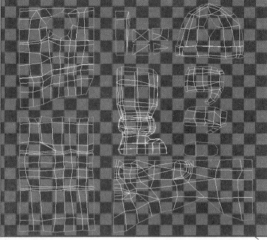

（a）Unwrap UVW　　　　　　　　　（b）Render UVW Template网格渲染

图8-68 模型贴图网格渲染

步骤5 在Photoshop软件中调入刚才渲染的图片，然后在网格线框上面绘制贴图并进行保存，如图8-69所示。

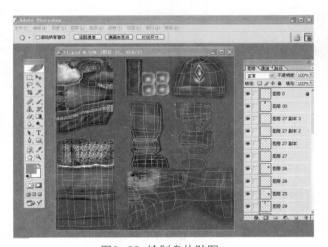

图8-69 绘制身体贴图

步骤6 选择模型并且把在材质编辑器中将绘制好的贴图添加给模型，然后Symmetry（镜像）复制出另一半的身体，最后选择整个身体模型，在弹出的快捷菜单中选择Convert to Editable Poly（转换为可编辑多边形）将整个身体转换为多边形对象，完成制作，如图8-70所示。

（a）添加材质贴图   （b）贴图文件

图8-70 模型制作完成

步骤7 渲染最终效果如图8-71所示。

图8-71 完成效果

8.2.5 女武士模型贴图制作

调入模型，根据原画为模型进行UV坐标展平，展平的目的是将角色身体的各部分的立体网格形成平面网格，用于最后的材质绘画，而与网络游戏不同的是，在次世代游戏中展平的UVW是不能有重叠的，这样能够避免生成法线贴图时出现不必要的错误，如图8-72所示。

图8-72 调入角色模型

步骤1 展开肩甲UVW。选择肩甲模型，将其内侧和外侧各面分别设置为ID 1和ID 2，然后在修改面板上添加UVW Map（UVW贴图）修改命令，为其指定为Plane（平面）坐标，然后在UVW Map（UVW贴图）上再添加Unwrap UVW（展开UVW）命令，单击Edit（编辑）命令，弹出Edit UVW（编辑UVW）视窗，在里面调节点的位置，使各面不要重叠，如图8-73所示。

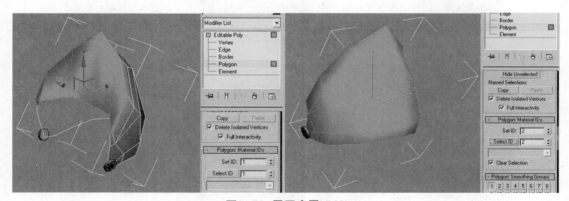

图8-73 展开肩甲UVW

步骤2 选择胸甲的上的面，为其添加UVW Map（UVW贴图）修改器，并选择Cylindrical（柱体）坐标，然后添加Unwrap UVW（展开UVW）命令，在Edit UVW（编辑UVW）视窗中调整贴图坐标形状，如图8-74所示。

（a）部位一

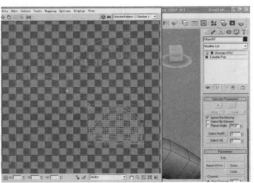

（b）部位二

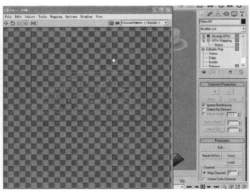

（c）部位三

图8-74　展开胸甲UVW

　　步骤3　使用同样的方法展开身体各部分的盔甲，展开时尽量使用平面坐标，以保持盔甲外形不变化，而在腿部、手臂等部位应使用柱体坐标，可以使网格展开得更平整，如图8-75所示。

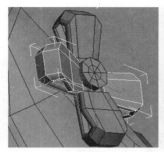
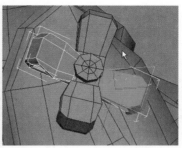

（a）部位一

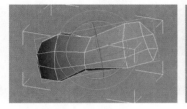

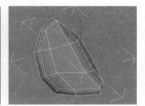

（b）部位二

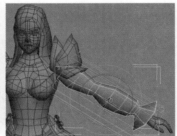

（c）部位三

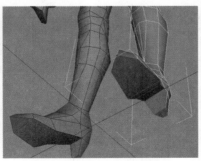
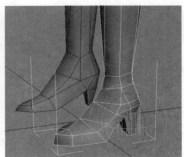

（d）部位四

图8-75 展开其他部位UVW

步骤4 选择手部模型，将手的上下表面分别指定平面贴图坐标，然后在Edit UVW（编辑UVW）视窗中调整贴图坐标形状，如图8-76所示。

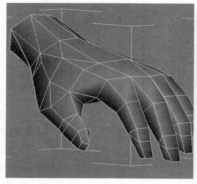

图8-76 展开手部UVW

步骤5 展开脸部UVW。选择脸部模型，为其添加UVW Map（贴图坐标）命令，并选择Cylindrical（柱体）坐标，然后添加Unwrap UVW（展开UVW）命令，在Edit UVW（编辑UVW）视窗中调整贴图坐标形状，使整个脸部的形状与三维视图中模型的脸部形状尽量相同，如图8-77所示。

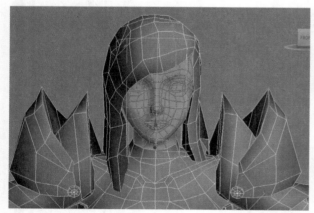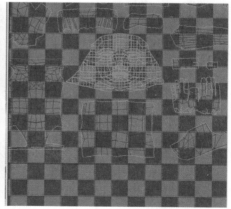

图8-77 展开脸部UVW

步骤6 使用同样的方法将身体展开。为身体添加UVW Map（UVW贴图）命令，并选择Cylindrical（柱体）坐标，展开修改列表中的Gizmo，使用旋转工具将Gizmo中的绿色接缝调整到腋部，尽量将接缝进行隐藏，然后使用Unwrap UVW（展开UVW）命令调整贴图的形状，如图8-78所示。

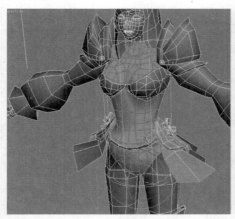

图8-78 展开身体UVW

步骤7 Pelt展平。选择头发模型，在Unwrap UVW（展开UVW）命令中单击Point To Point Seam（点对点接缝）按钮，在头发上绘制出蓝色接缝线，然后选择头发上的面，单击Exp Face Sel To Seam（扩展表面到接缝）命令，然后选择Pelt（展平）命令，在弹出的窗口中选择Start Pelt（开始展平）命令将头发模型的ＵＶＷ自动展开，关闭Pelt按钮后，ＵＶＷ坐标会自动形成在视窗中，即可对ＵＶＷ进行缩放编辑，如图8-79所示。

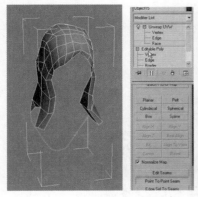

图8-79 展开头发UVW

步骤8 显示棋盘格。在Unwrap UVW（展开UVW）中的Edit UVW（编辑UVW）视窗中单击Checker Pattern（棋盘格）命令，这时将在三维视图中显示出模型的棋盘格。棋盘格的大小和形状能够检查出模型的贴图是否有拉扯。如发现棋盘格有拉扯现象，应该在Edit UVW（编辑UVW）窗口中继续进行编辑。最后调整各个网格的位置，将所有的展平网格缩放到蓝色线框内，如图8-80所示。

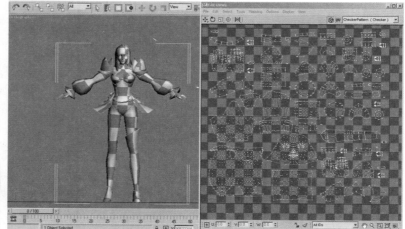

（a）选择Checker Pattern　　　　　　　　　　（b）棋盘格检查

图8-80　显示棋盘格

步骤9　检查重叠面。单击Tools（工具）菜单的Render UVW Template（渲染UVW模板）命令，在弹出的对话框中选择Mode（模式）下拉列表中的Solid（实体）选项，然后勾选Show Overlap（显示重叠），单击Render UVW Template（渲染UVW模板）按钮，在渲染出来的图片上查看是否有红色的重叠面，如果有重叠面，就要回到Edit UVW（编辑UVW）窗口中进行调整，直到没有红色重叠面出现为止，如图8-81所示。

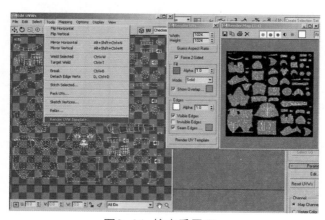

图8-81　检查重置面

步骤10 塌陷UVW。右键单击修改面板，在弹出的快捷菜单中选择Collapse To（塌陷到）命令，将展平后的UVW坐标塌陷给多边形，完成UVW坐标展平，如图8-82所示。

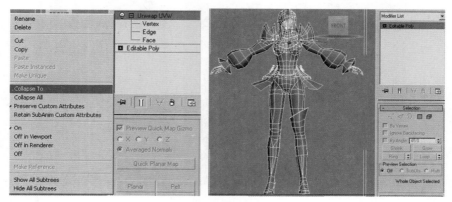

图8-82 塌陷UVW

步骤11 贴图绘制效果展示如图8-83所示。

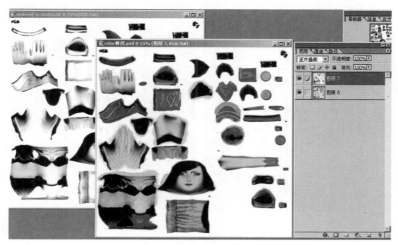

图8-83 贴图绘制效果

步骤12 贴图指定效果展示如图8-84所示。

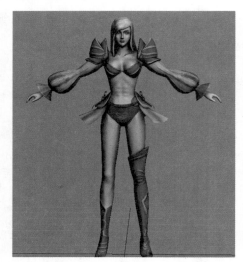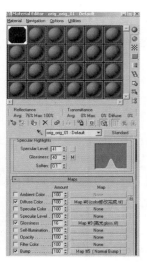

（a）正面

（b）背面　　　　　　　　（c）侧面

图8-84　贴图指定效果

步骤13　完成效果展示如图8-85所示。

图8-85 完成效果

本章总结与思考练习

　　本章讲解了场景及人物的贴图展开，在展开贴图过程中展开顺序是固定的，所以要按照贴图展开顺序进行展开。同时要熟练掌握和使用Photoshop软件绘制贴图。

简答题

1. 怎样为模型添加材质？

2. 简述Maps中的贴图类型。

3. 怎样更改材质属性和添加高光效果？

4. 怎样为立方体设置ID？

5. 怎样添加贴图坐标？

6. 简述材质展开步骤。

操作题

帐篷材质制作练习，参考图片如图8-86所示。

（a）最终效果

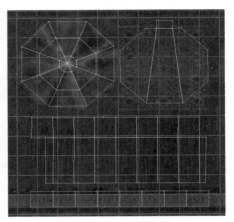

（b）渲染展开后的网格

（c）绘制贴图，然后将贴图添加给模型

图8-86　练习题参考图片

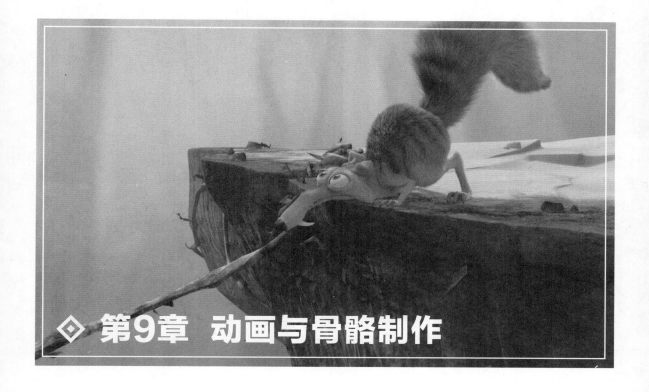

◈ 第9章 动画与骨骼制作

9.1 表情动画基础设置

　　表情的制作是动画设计中最常用到的制作方法，首先将各种表情模型制作出来（见图9-1），然后通过目标拾取将所有的表情拾取进来，调整参数后人物就有了表情，我们也可以用插件来完成复杂的表情设计，如Face Station软件就可以通过视频捕捉真实的人物表情，然后在3ds Max程序面板中调入表情数据来制作出仿真的表情效果，如图9-2所示。

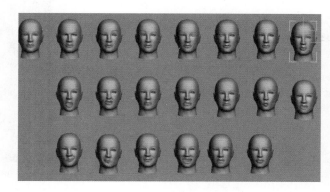

　　下面简单介绍一下在3ds Max中最常用的表情制作方法。

图9-1 面部表情图解

图9-2 Face Station表情制作软件

步骤1 打开头部模型文件，将头部模型Clone（克隆）出4个，如图9-3所示。

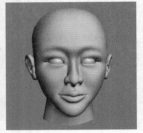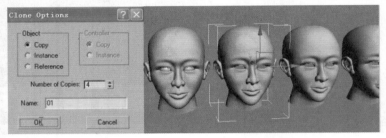

（a）打开头部模型   （b）Clone（克隆）头部模型

图9-3 克隆4个头部模型

步骤2 删除复制出来的头部模型上的Mesh Smooth（网格平滑）命令，然后在Editable Poly中选择Vertex（顶点），并且勾选Use Soft Selection（使用软选择），通过调节面部上的顶点来制作出脸部表情。同样，在剩下的几个模型中制作出各种表情，如图9-4所示。

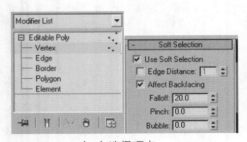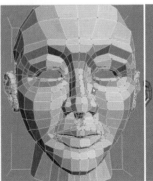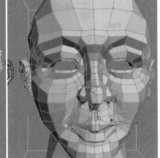

（a）选择顶点   （b）调节顶点

图9-4 制作面部表情

步骤3 选择没有调节的头部模型，在修改面板中添加Morpher（表情）修改器，在命令中选择Load Multiple Targets（导入多重目标），将其余的4个头部模型调入，如图9-5所示。

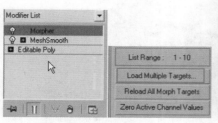

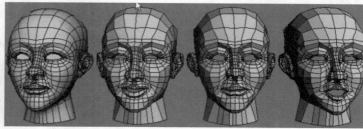

（a）导入目标　　　　　　　　　　　　　（b）调整后的头部模型

图9-5 调入头部模型

步骤4 将模型导入到Morpher（表情）修改器以后，可以将刚才调节的几个模型删除，我们会发现Channel List（通道列表）中的绿色显示条变为蓝色，现在调整数值时，我们就可以发现人物有了表情，也可以同时调节多个数值，产生融合后的新表情，如果想得到这个新表情的模型，可以在Channel Parameters（通道参数）中选择Extract（提取），提取融合后的新模型，如图9-6所示。

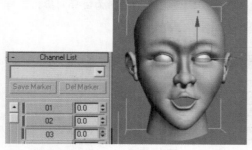

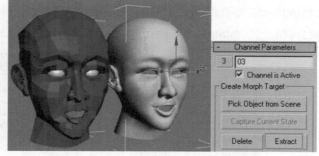

（a）Channel List（通道列表）　　　　　（b）Channel Parameters（通道参数）

图9-6 提取新表情模型

步骤5 加载表情调节器。我们可以使用对话框中的参数来调节表情，这种方法能使我们更加轻松地调节表情。选择菜单栏的Animation（动画）选项，在其中选择Parameter Collector(参数收集器)，在弹出的对话框中单击"+"号键，在弹出的Track View Pick（轨迹视口拾取）栏中拾取Morpher（表情）下面的4种表情，然后单击OK按钮确定。

我们发现这些数值列入到Parameter Collector（参数收集器）中了，调节数值的大小，会发现人物产生了表情变化，如图9-7所示。

步骤6 加载表情控制条。我们也可采用更简便的表情控制方法，通过表情控制条就可以在视图上直接调节表情。

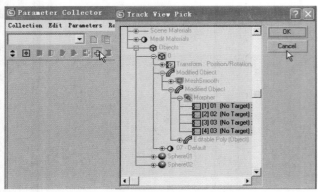
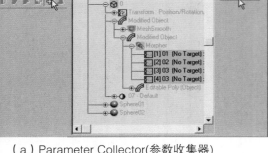

（a）Parameter Collector(参数收集器)   （b）调节表情参数

图9-7 调节表情

首先，在Manipulators（控制器）下选择Slider（滑块），并在视图中建立几个滑块。调节滑块的Parmeters（参数）项，将Maximum（最大值）设置为10，这样就可以用10个单位来调节表情了。选择其中一个滑块，然后选择菜单栏中的Animation（动画）选项，在里面选择Wire Parameter (连线参数)，弹出选择菜单，选择上面Object(silder)中的Value（数值），将连线指定到视图中的头部模型上，在弹出的Modified Object（修改对象）下拉菜单中选择Morpher（变形）中的任何一种表情为目标对象，这样就会弹出一个Parameter Wiring（参数连接）控制面板，如图9-8所示。

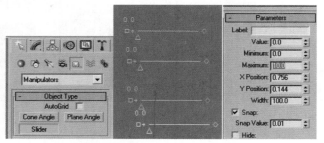

（a）滑块参数控制   （b）Wire Parameter

图9-8 用表情控制条控制表情

步骤7 在Parameter Wiring（参数连接）控制面板中，左边是滑块参数，右边是表情选项，我们选择Value（数值）与表情选项，单击Connect（连接）按钮，将滑块与表情连接，如图9-9所示。

步骤8 依照上面的方法，选择剩下的滑块，将其余的表情进行连接，然后单击工具列表的 ![icon]（选择并操纵）按钮，此时会发现原来的黄色滑块条变为绿色，这样我们调节绿色滑块时会发现人物的表情会随着滑块的滑动而变化。最后，打开Auto Key(自动关键点)按钮，将下面的时间滑块调到不同的时间位置，然后调节表情滑块，这样就把表情动画记录到时间线里面了，播放动画，人物的表情就产生了，如图9-10所示。

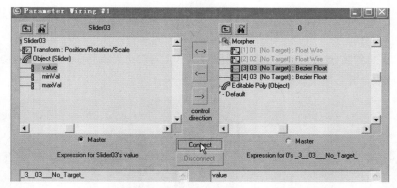

图9-9 Parameter Wiring（参数连接）控制面板

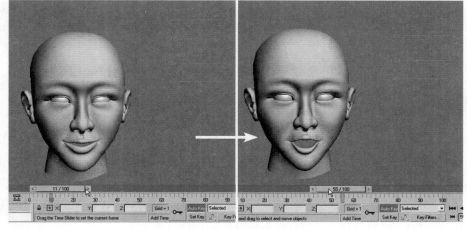

图9-10 记录表情动画

9.2 骨骼动画制作

骨骼是角色动画的重要组成部分，任何角色都是由骨骼来带动身体的动作，就好像人用骨架带动身体的运动，鱼用鱼骨使身体摆动一样。所以，如果要想制作生物动画，必须先了解骨骼的制作方法。

9.2.1 认识骨骼类型

在3ds Max的骨骼中，主要分为3种骨骼类型，第1种是3ds Max的基本骨骼系统Bone（骨骼），它可以加入IK等反向动力学，这也是动画制作中最常用的骨骼系统；第2种是Biped两足动物骨骼系统，原来这只是3ds Max的一个插件，后来被集成到3ds Max软件中了，它是非常强大的生物骨骼系统，可以制作二足或四足生物的骨骼模型，使用起来既简单又实用，是最常用的骨骼系统；第3种是混合骨骼系统，它可以制作出自然界中一切生物的骨骼，它可以用Box（立方体）等任意基本几何体作为骨骼，然后用 （连接工具）将骨骼分成子、父对象连接就可以了，同时也可以将Biped两足动物骨骼与Bone骨骼连接到一起，形成混合骨骼系统。骨骼系统如图9-11所示。

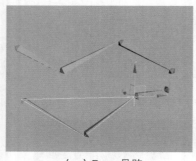 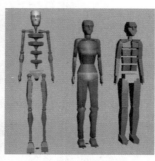 

（a）Bone骨骼   （b）Biped骨骼   （c）混合骨骼

图9-11 骨骼系统

9.2.2 Bone骨骼创建

在创建面板中选择Systems（系统）面板，单击Standard（标准）下面的Bones（骨骼）按钮，在视图中创建骨骼系统。在创建时Bone下面会有两组卷栏参数，IK Chain Assignment（指定IK 链）是设置骨骼反向动力连接的。Bone Parameters（骨骼参数）用于调整骨骼大小和Fins(鳍)的产生，其中Side Fin为边鳍，Front Fin为前鳍，Back Fin为后鳍。同样，创建完Bone以后，在修改面板中可以选择任何一段骨骼来修改大小和创建鳍，如图9-12所示。

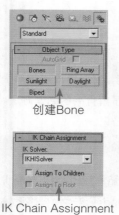

创建Bone

IK Chain Assignment

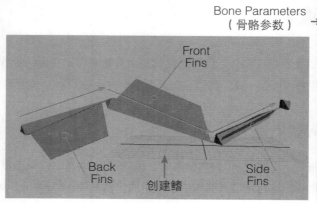

Front Fins

Back Fins

创建鳍

Side Fins

Bone Parameters（骨骼参数）

图9-12 创建骨骼

注意：创建骨骼时，骨骼是有方向的，开始创建的一段骨骼是下一段骨骼的父对象，当我们移动整个骨骼时要移动父对象的骨骼。同时选择整个骨骼时，可以双击父对象骨骼，子对象就会被选择。

9.2.3 > Bone骨骼编辑工具 ▼

在创建完骨骼以后，我们也可以在菜单栏的Character（角色）中选择Bone Tools（骨骼工具）来修改骨骼，弹出的对话框中分为3个卷展栏，分别为Bone Edit Tools（骨骼编辑工具）、Fin Assignment Tools(鳍指定工具)、Object Properties（对象属性），骨骼编辑工具如图9-13所示。

  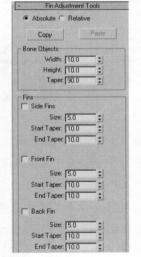 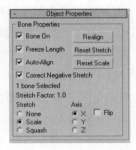

（a）Bone Tools 　　（b）Bone Edit Tools 　（c）Fin Assignment Tools 　（d）Object Properties

图9-13 骨骼编辑工具

Bone Edit Mode（骨骼编辑模式）：在打开此模式时可以手动调节一段骨骼的长短。

Create Bones（创建骨骼）：与创建面板的创建骨骼方法相同，可以创建骨骼系统。

Create End（创建末点）：在骨骼的结尾创建一个块。

Remove Bones（移除骨骼）：移除骨骼中的一段。移除后，其他骨骼会自动连接在一起。

Connect Bones（连接骨骼）：将分开的两段骨骼间创建一个连接骨骼。

Delete Bones（删除骨骼）：删除骨骼中的一段，删除后骨骼不会自动连接。

Reassign Bones（重指定骨骼）：当选择骨骼为父骨骼时，单击此命令没有任何效果；当选择末点骨骼时，此命令会使整个骨骼链自动翻转；当选择中间骨骼时，此命令会使骨骼成为一个分支的翻转骨骼。

Refine（细化）：在一段骨骼上添加骨骼点，可以将骨骼分成若干段。

Mirror（镜像）：将骨骼镜像翻转。在弹出的对话框里可以调节骨骼的镜像轴向。

Fin Assignment Tools（鳍指定工具）：可以设置和调整鳍的形状。

Object Properties（对象属性）：可以将整个骨骼调整后的形状恢复回来。

9.2.4 ▶ Bone骨骼动画

在Animation（动画）菜单下选择IK Solvers（IK解算器）可以制作出骨骼的伸展动画。在运动面板中单击IK连接线，设置IK Solvers（IK解算器）中开始绑定与结束绑定的骨骼，如图9-14所示。

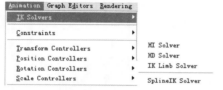

（a）选择IK Solvers　　　　　　　　（b）运动面板的IK Solvers

图9-14 IK Solvers

HI Solver（历史独立型IK）：制作动画最常用的命令，常用于角色四肢动画的制作，如图9-15所示。

HD Solver（历史依赖型IK）：常用于机械动画的制作，如图9-16所示。

IK Limb Solver（分支型IK）：此命令不是很常用，一般用于分支型关节的设定，例如肩部关节要同时连接躯干和手臂的骨骼。

SplineIK Solver（曲线型IK）：常用于柔体变形骨骼的设定，例如脊柱骨骼、蛇等爬行动物。创建Bones骨骼时在IK Solver（IK结算器）中选择SplineIK Solver，勾选Assign To Children（影响子对象），如图9-17所示，然后在视图中创建Bone骨骼，在结束创建时弹出SplineIK Solver对话框，单击OK按钮确定，如图9-18所示，就在骨骼上生成了一条曲线，调整曲线就能控制骨骼的形状，如图9-19所示。

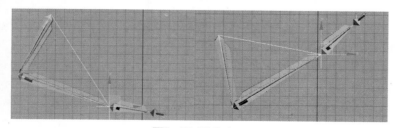

图9-15 HI Solver

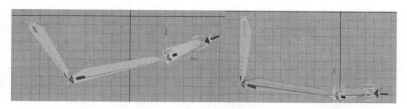

图9-16 HD Solver

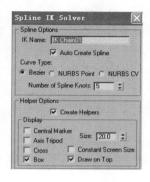
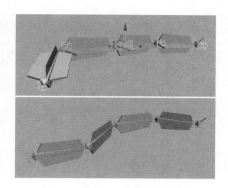

图9-17 SplineIK Solver　　图9-18 Spline IK Solver对话框　　图9-19 调整骨骼上的曲线

9.2.5 ▷ Bone骨骼绑定

　　将皮肤绑定到骨骼上，当骨骼运动时皮肤也会随之运动，如果把运动在时间滑块中记录下来，就形成了动画。

　　步骤1 在视图中建立一个柱体，并增加它的横向段数，然后在修改列表中添加Skin（蒙皮）命令，然后在Skin（蒙皮）参数中找到Bones（骨骼）后面的Add（添加）按钮，将刚创建的Bone（骨骼）拾取进来，然后选择骨骼，打开Edit Envelopes（编辑封套）按钮，调整咖啡色的线框，扩大骨骼在面上的影响区域，如图9-20所示。

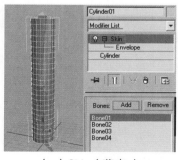
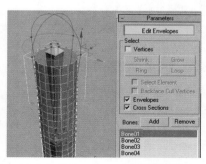

（a）Skin（蒙皮）　　　　　　（b）Edit Envelopes（编辑封套）

图9-20 蒙皮与Edit Envelopes

步骤2 调整骨骼角度，设置皮肤弯曲时的影响区域。选择Paint Weights（画笔权重）在点上进行涂抹，涂抹完成后会发现折角位置的点变得平滑了，如图9-21所示。

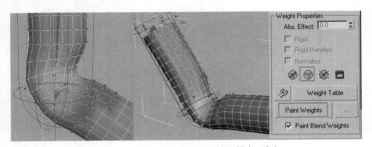

图9-21 Paint Weights（画笔权重）

注意：① 红色的点代表绝对控制区，蓝色的点代表不受影响区，绿色的点代表融合区域。

② ：使外框对齐到选择的点。

步骤3 将骨骼设置为HI Solver（历史独立型IK），调整十字IK线，我们会发现骨骼带动皮肤进行运动了，在运动时也可以将骨骼隐藏，如图9-22所示。

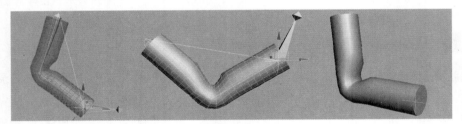

图9-22 设置HI Solver运动

9.3 创建修改体形模式

1 Biped两足动物骨骼创建

在创建面板中选择Systems（系统）面板，单击Standard（标准）下面的Biped按钮，在视图中创建两足动物骨骼系统。创建完成后在运动面板中可以调整Biped的参数，如图9-23所示。

2 Biped两足动物参数

人：单击此按钮进入Figure Mode（体形模式），可以调节骨骼的形状，取消此按钮为Biped动画模式。

 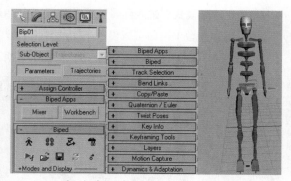

（a）创建Biped　　　　　　　　（b）在运动面板中修改Biped参数

图9-23 创建并调整Biped参数

　　：单击此按钮进入Foot Step Mode（步迹模式），可以设置骨骼走、跑、跳的动画。

　　：单击此按钮进入Motion Flow Mode（运动流程模式），可以将多个Biped动画串联在一起。

　　：单击此按钮进入Mixer Mode（混合器模式），可以导入和储存*.mix的动画文件。

　　：播放动画按钮，可以将骨骼动画回放出来。

　　：打开和储存*.bip动画文件，但打开Figure Mode（体形模式）后打开和储存就变为*.fig体形格式文件了。

　　：Convert(转换)与Move All Mode（移动全部模式）。Convert（转换）可以将Biped动画转换为关键帧动画。Move All Mode(移动全部模式)可以在弹出的对话框中输入数值来旋转和移动骨骼。

　　：分为Buffer Mode（缓冲模式）、Rubber Band Mode（橡皮筋模式）、Scale Stride Mode（缩放步幅模式）和In Place Mode（原地模式）。

　　：显示模式。可以显示出骨骼线和步迹标号、运动轨迹等。

Track Selection（轨迹选择）：设置移动和旋转Biped的质心点。

Bend Links（弯曲链接）：使Biped脊椎弯曲时产生对其他骨节的融合弯曲效果。

Copy/Paste（复制/粘贴）：可以将Biped一半身体上的动画和姿势复制到身体的另一半。

Quaternion/Euler（坐标类型）：分为四元数类型和欧拉坐标类型。

Twist Poses（扭曲姿势）：设置四肢的扭曲效果。使用它时要打开Figure Mode（体形模式）下的Structure（结构）下面的Twist Links（扭曲连接）。

Key Info（关键帧）：可以设置Biped关键帧动画。

Keyframing Tools（关键帧工具）：可以清除或分解选择身体骨骼。

Layers（层）：可以在完整的关键帧动画上再添加动画设置层，类似Photoshop软件中的图层。

Motion Capture（动作捕捉）：引入动态捕捉软件的BVH、BIP、CSM动作格式文件。

3 Biped两足动物骨骼修改

按下Figure Mode（体形模式）进入到骨骼调节面板。在Structure（结构）下面可以调整各项骨骼参数，在Body Type（身体类型）里面可以设置不同的骨骼类型，如Skeleton（骨架）、Male（男人骨骼）、Female（女人骨骼）、Classic（方块骨骼），如图9-24所示。

  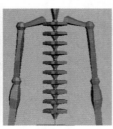  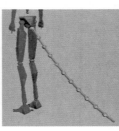 

Arms（手臂）Neck（脖子）　　Spine（脊椎）　Leg（腿）　Tail（尾巴）　　Ponytail（辫子）

  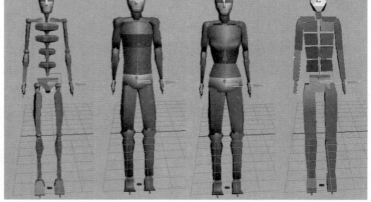

Figure（形体）　Structure（结构）　Skeleton　　　Male　　　Female　　　Classic

  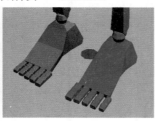  

Fingers（手指）Finger（指节）　　Toes（脚趾）　　　　Toer（趾节）　　Props（道具）

图9-24 各种骨骼

注意：在设置Biped骨骼时要按照真实人物的高度设置，Height是Biped骨骼高度。

4 Biped骨骼绑定

步骤1 打开武士模型，按下Alt+X键将模型变成透明。在系统面板里面创建Biped骨骼，按下Figure Mode（体形模式）进入到骨骼调节面板，将骨骼对齐到模型上。按下鼠标右键选择身体模型，在弹出的快捷菜单中选择Freeze Selection（冻结选择）对象，这样模型的身体将不会被移动了，如果想取消冻结可以选择Unfreeze All（取消冻结全部）命令。骨骼与模型对位如图9-25所示。

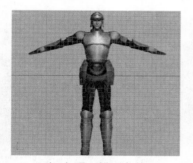
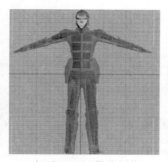

（a）调入模型文件　　　　　　　（b）Biped骨骼对位　　　　（c）冻结选择

图9-25 骨骼与模型对位

步骤2 在Biped骨骼上，使用缩放工具缩放四肢和身体骨骼，使骨骼尽量适合身体模型，然后选择左臂上调整完成的几段骨骼，在Copy/Paste(拷贝/粘贴)卷展栏中单击 ▨（创建拷贝）按钮，然后选择 ▨（复制）命令，最后单击 ▨（粘贴）命令，将调整后的左侧手臂形状自动粘贴到对称的右臂上，这样左、右手臂都有了相同的形状，如图9-26所示。使用同样的方法将腿部模型也进行复制粘贴。

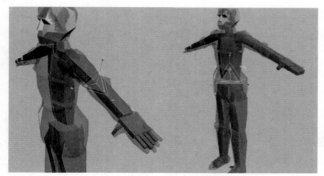
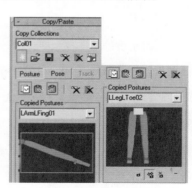

（a）缩放四肢和身体骨骼　　　　　　（b）Copy/Paste（拷贝/粘贴）

图9-26 调整骨骼

步骤3 选择身体模型，在修改面板的Editable Poly（可编辑多边形）上添加Physique（体格）命令，然后在Physique（体格）卷展栏中单击Attach to Node（附加到节点）按钮，在弹出的Pick Object（拾取对象）对话框中选择骨骼的Bip01，然后单击Pick（拾取）按钮进行拾取，最后在弹出的Physique Initialization（体格初始设置）对话框中单击Initialize（初始化）按钮，将皮肤绑定到骨骼上，如图9-27所示。

注意：Physique（体格）命令也可用于Bone骨骼的绑定。Physique（体格）具有很好的骨骼调整模式，可以使用刚性或变形模式的皮肤绑定，还有筋腱控制等命令。

(a) Attach to Node
（附加到节点）

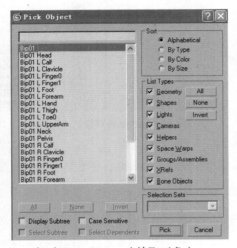

（b）Pick Object（拾取对象）

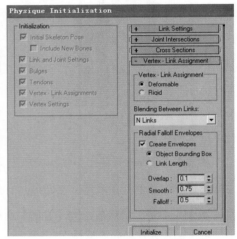

（c）Initialize（初始化）

图9-27 模型与骨骼绑定

步骤4 绑定后的身体模型中会有一条橘黄色的线，证明骨骼已经绑定完成了，然后选择身体模型，在修改面板中打开Physique（体格）下面的各组命令选项，如Envelope（封套）、Link(链接)、Bulge（膨胀）、Tendons（筋腱）、Vertex（顶点），如图9-28所示。

在Envelope（封套）中的绑定参数设置如下。

：可以选择身体模型上的各段骨骼连接线段。

：可以显示出封套的圆形截面，使用缩放工具可以控制封套截面的大小。

：可以显示出封套的控制点，使用移动工具可以调节封套的大小。

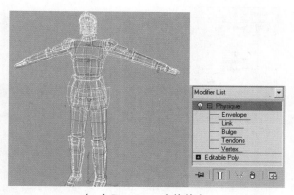

（a）Physique（体格）

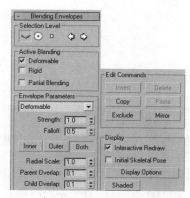

（b）Envelope（封套）

图9-28 设置绑定参数

步骤5 在Active Blending（激活绑定）中，勾选封套类型为Deformable（可变形），在Envelope Parameters（封套参数）中可以调节Radial Scale（径向缩放）命令来控制封套的大小，Parent Overlap（父对象重叠）可以调整封套向父物体方向移动。Child Overlap（子对象重叠）可以调整封套向子对象方向移动。调整时要使封套包裹上身体模型。红色框代表绝对影响区，紫色框代表过渡区，封套外是不受影响区域。封套调节完成后，可以选择Copy（复制）和Paste（粘贴）命令将一侧的封套复制粘贴到身体的另一侧上，如图9-29所示。

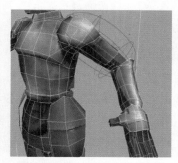

（a）调节Envelope（封套）

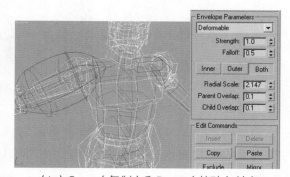

（b）Copy（复制）和Paste（粘贴）封套

图9-29 调整封套

步骤6 移动Biped的腿部骨骼，我们会发现骨骼有点拉扯的现象，可以通过调整封套的大小将拉扯的点包含到封套中。调整完成后，拉扯的点就没有了，如图9-30所示。

步骤7 移除粘连的点。在Physique（体格）下面单击Vertex（顶点）选项，单击Select（选择）按钮，在身体模型上框选需要排除的左腿上的粘连点，然后单击Remove from Link（从链接移除）按钮，在模型上单击右腿上的骨骼线，将粘连的点从右腿的封套中移除，如图9-31所示。

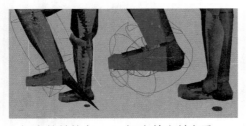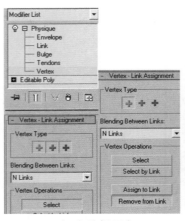

（a）拉扯的点　　　（b）放大封套后　　　　　　　　　　（a）选择顶点　　　　　　　（b）从链接移除

图9-30 修复拉扯的点　　　　　　　　　　　　　　图9-31 移除粘连的点

步骤8 调整腿部和腰部的封套，让封套的影响区域均匀分布，如图9-32所示。

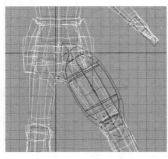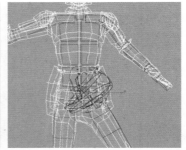

图9-32 调整腿部和腰部的封套

步骤9 将拉扯的点对齐到骨骼上。在Physique（体格）下面单击Vertex（顶点）选项，单击Select（选择）按钮，在身体模型上框选拉扯的点，然后单击Assign to Link（指定到链接)，将这个顶点对齐到红色骨骼线上，让红色骨骼的封套影响这个拉扯的点，这时会发现这个拉扯的点没有了，如图9-33所示。

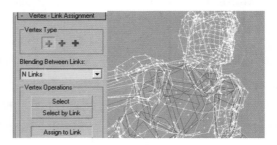

（a）选择拉扯的点　　　　　　　　　（b）指定到骨骼链接线

图9-33 消除拉扯的点

步骤10 选择头部模型的封套，在封套下面的Active Blending（激活绑定）中，勾选封套类型为Rigid（刚体），然后调节头部影响区域，绿色的点代表刚性绑定，刚性绑定不会造成肌肉变形，所以常用在头部和盔甲上，如图9-34所示。

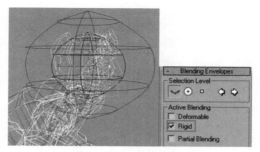

图9-34 刚性绑定

步骤11 移动和旋转Biped骨骼，骨骼会带动身体皮肤进行运动，然后选择身体模型，在Physique（体格）修改参数中，勾选Hide Attached Nodes（隐藏附加节点），将Biped骨骼隐藏起来，如图9-35所示。

（a）移动和旋转Biped　　　　　　（b）隐藏附加节点

图9-35 隐藏附加骨骼

步骤12 选择Biped骨骼，打开Figure Mode（体形模式），单击保存按钮，将调整后的体形结构保存，格式为*.fig。如果需要这个骨骼时，单击打开按钮就可以直接调用这个体形结构，而不需要再进行调节了，如图9-36所示。

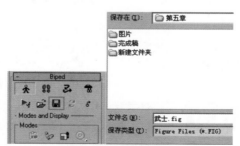

图9-36 保存体形模式为*.fig

9.4 角色动作设计

1 **走步动作基础**

01 关键帧循环动作

在正常走步时，角色左脚迈出到左脚再迈出为一个走步循环，也就是三步为一个循环组，只要将这个循环组不停地循环就形成了走步动画。当角色的两脚同时着地时身体略低，当单脚着地时身体略高，形成一条身体高低起伏的运动曲线。黄色的点代表Biped身体的质心点，红色曲线代表手臂摆动的运动轨迹，蓝色曲线代表腿部的运动轨迹，如图9-37所示。

注意：角色在运动时左臂与右腿同时迈出，右臂与左腿同时迈出。

02 肩与胯的动作协调

当人物运动时身体的肩部和胯骨会进行摆动，形成开闭的夹角，所以在设置Biped动画时，同时也要调整肩与胯的协调动作，如图9-38所示。

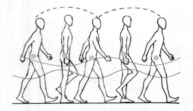

图9-37 走步动作示意图

图9-38 肩与胯的协调动作

03 不同情绪下的走路姿势

角色的情绪特征不同，角色走步的形态也不同，图9-39是在夸张变形后的走步姿态循环，在制作角色动画时可以参看此图设置角色走步动画。

（a）正常走步姿势循环

（b）昂首阔步的走步循环

（c）垂头丧气的走步循环

（d）蹑手蹑脚的走步循环

（e）小心翼翼的走步循环

图9-39 情绪与步态特征

2 跑步动画基础

01 跑步动作关键帧与曲线轨迹

角色在跑步时总是单脚着地，在身体跃起时两只脚会同时离开地面，而手臂的摆动越大身体腿部张开的距离也越大。手臂的摆动和腿的迈出是交替进行的，左臂会与右腿同时迈出，右臂会与左腿同时迈出。在角色跃起时身体为最高点，当单脚落地缓冲时身体为最低点，如图9-40所示。

（a）人物跑步动作示意图　　　　　　　　　　　　　　（b）跑步动作曲线示意图

图9-40 人物跑步姿态

02 不同情绪的跑与跳

在不同情绪下，角色跑跳的姿态也不同，参考姿态如图9-41所示。

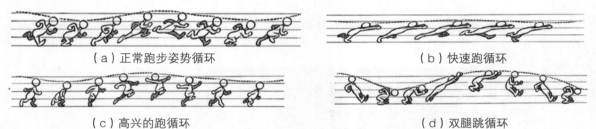

（a）正常跑步姿势循环　　　　　　　　　　　　　　　（b）快速跑循环

（c）高兴的跑循环　　　　　　　　　　　　　　　　　（d）双腿跳循环

图9-41 情绪与跑步姿态

3 设置步迹动画

步骤1 在视图中创建一个Biped骨骼，然后在运动面板中打开Figure Mode（体形模式），选择打开命令，将原来保存的*.fig文件导入，这时会发现创建的Biped骨骼体形会与原来制作的骨骼体形一样了，如图9-42所示。

图9-42 骨骼与形体

步骤2 选择Biped骨骼，在Biped选项中单击 ⬚（步迹）按钮，然后在Footstep Creation（步迹创建）卷展栏中单击 ⬚ 创建步迹，在弹出的对话框中设置参数，如图9-43所示。

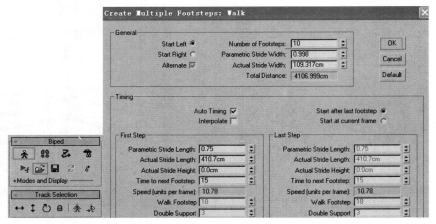

图9-43 创建步迹

步骤3 在视图内出现一组脚印，可以通过移动、缩放、旋转工具调整脚印位置和形状，如图9-44所示。

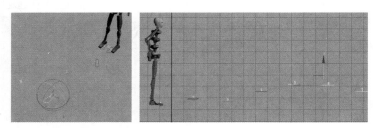

图9-44 移动、缩放、旋转脚印

步骤4 单击Footstep Operations（步迹选项），再单击创建关键帧步迹按钮，将Biped骨骼置入到脚印中。移动时间滑块我们会发现Biped骨骼已经可以走动了，如图9-45所示。

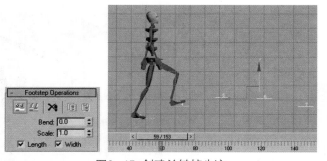

图9-45 创建关键帧步迹

步骤5 我们可以在步迹后面追加步迹，但要注意左右步迹的区别，也可以在Biped骨骼走动后，在当前的位置上添加步迹，如图9-46所示。

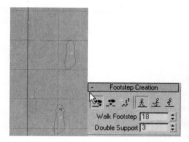

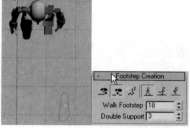

（a）追加步迹　　　　　　　　　　　　　（b）添加步迹

图9-46 步迹的添加与追加

步骤6 我们可以将选择的步迹进行Bend（弯曲）或者Scale（缩放），也可以对不要的步迹进行删除，如图9-47所示。

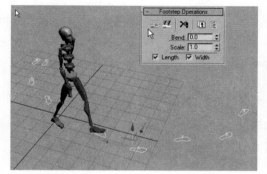
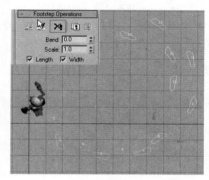

（a）Bend（弯曲）、Scale（缩放）步迹　　　　　（b）删除步迹

图9-47 修改步迹

步骤7 将步迹动画转换成关键帧动画。单击  （转换）按钮后可以将脚印去掉，变成关键帧动画，这样我们就可以再次自由调节动画了，这是一个非常常用的转换方法，如图9-48所示。

（a）步迹模式　　　（b）关键帧模式　　　（c）转换关键帧

图9-48 步迹模式与关键帧模式的转换

步骤8 设置动画关键帧。打开Atuo Key（自动关键点）动画记录按钮，调整并设置骨骼的形状，然后滑动时间滑块就可以看到调整出来的动画了。如果发现有些关键帧调整得不理想，可以在Keying Tools(关键点工具)里面单击 （擦除）关键帧按钮，擦除选择的关键帧或全部的关键帧，如图9-49所示。

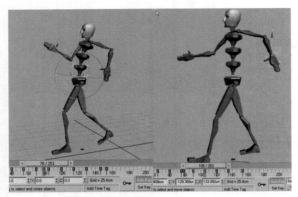

（a）设置动画关键帧　　　　　　　　　　　　　　（b）擦除选择或全部的关键帧

图9-49　编辑关键帧

步骤9 可以将整个动画保存为*.bip格式，以便随时调用给Biped骨骼，如图9-50所示。

▣4 设置Key Info（关键帧信息）动画

Key Info（关键帧信息）：在Key Info（关键帧信息）卷展栏里面分为 ◎（设置关键帧）、✂（删除关键帧）、👤（设置种植关键帧）、👥（设置滑动关键帧）、👤（设置自由关键帧）、∧（设置轨迹），如图9-51所示。

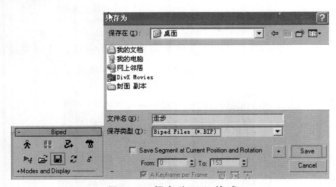

图9-50　保存为*.bip格式

图9-51　Key Info

👤设置种植关键帧：要使角色能够下蹲就要将脚设置成为种植关键帧，首先选择上Biped的脚，单击种植关键帧按钮，然后选择Biped质心点并向下移动，发现Biped已经可以自由下蹲了。打开Auto Key

（自动关键点）动画按钮，在Track Selection（轨迹选择）卷展栏里单击 ↔ ↕ ↻ 移动或旋转质心点按钮，人物的动画就被被记录下来了，如图9-52所示。

 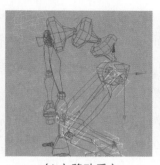 

（a）种植关键帧　　　　　（b）移动质心　　　　　（c）记录动画

图9-52 设置种植关键帧

设置滑动关键帧：在设置人物走动画时，可以设置脚步的轴心点位置滑动。首先将时间滑块向后移动，单击 （滑动关键帧）按钮，在时间轴中设置滑动关键帧，然后单击Select Pivot（选择轴心点）按钮，这时脚上会出现蓝色的点，选择脚跟部的点，这时轴心点就会移动到脚跟上。打开AutoKey（自动关键点）按钮，通过旋转工具可以旋转脚的姿势，制作出脚落地的动画，如图9-53所示。

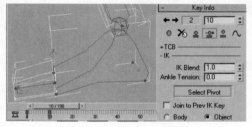 

（a）Select Pivot（选择轴心点）　　　　　（b）旋转脚的姿势

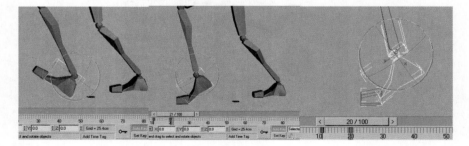

（c）记录动画

图9-53 设置滑动关键帧

01 驱动手掌动画

使用对象驱动手掌的动作在很多动画中经常用到，如武士挥动的宝剑、篮球运动员拍球、角色抬起重物或拿起水杯等都需要用到此命令。

步骤1 在视图中创建一个球体和一个Biped骨骼（注意：不要打开体形模式）。将骨骼的手掌旋转到球体表面，然后在Key Info（关键帧信息）卷展栏中单击创建关键帧按钮，这样在时间栏中就会有一个关键帧了，同时展开IK的下拉选项，我们会发现里面的参数可以调节了，如图9-54所示。

步骤2 选择Biped骨骼，在IK的下拉选项中点选Object（对象），使用对象作为驱动器，单击 ⬀ 箭头按钮并在视图中拾取球体，这时拾取上的对象会在栏里面显示出来，然后调节IK Blend（IK混合）值为1，驱动时使手掌不会离开球面。最后打开动画记录按钮，在视图中移动球体位置，球体就会带动手臂运动了，如图9-55所示。

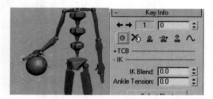 

（a）创建球体与骨骼 （b）创建关键帧   （a）拾取球体   （b）IK Blend

图9-54 步骤1   图9-55 步骤2

步骤3 在不需要以球体作为驱动器时，也要在Key Info（关键帧信息）卷展栏中单击创建关键点按钮，然后在IK的下拉选项中点选Body（本身），让骨骼自己作为驱动，这时移动球体位置时，手臂就不再受到影响了，如图9-56所示。

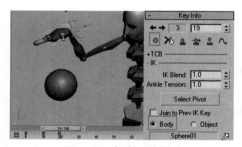

图9-56 去除驱动影响

02 头部注视动画

在动画中我们经常看到鸟从空中飞过，人的脸会随鸟的移动而转动，还有在表现人物注视某个移动对象时，头部也会随之转动，所以这个命令既简单又实用。

步骤1 在视图中创建任意一个物体和一个Biped骨骼（注意：不要打开体形模式），然后在Key Info（关键帧信息）卷展栏中单击创建关键帧按钮，打开Head（头部）卷展栏，如图9-57所示。

（a）创建物体与骨骼　　　　（b）创建关键帧

图9-57 创建关键帧动画

步骤2 在Head（头部）卷展栏中单击箭头按钮，并在视图中选择鸟，然后将Target Blend（目标混合）调整为1，让头部完全注视到对象，当数值调整为0.5时，头部将斜视对象。移动鸟的位置，我们会发现头部将随鸟的移动而转动。这时可以为鸟设定一段动画，就可以看到角色注视着鸟飞翔了，如图9-58所示。

步骤3 如果不需要头部注视对象时，可以将Target Blend（目标混合）调整为0，头部将不会注视对象了，如图9-59所示。

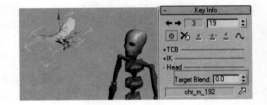

（a）移动对象　　　　（b）选择注视对象

图9-58 角色注视对象

图9-59 去除头部注视

03 Mixer（混合器）的使用

Mixer（混合器）可以将多个BIP动画结合在一起，就像使用后期剪辑软件一样方便快捷，并且可以将剪辑后的BIP保存起来，以便其他动画使用，甚至可以将BIP动作之间进行优化处理，使两段动作的过渡更加平滑。

步骤1 在视图中创建一个Biped骨骼，然后在Motion（运动）面板中打开Biped Apps卷展栏，选择Mixer（混合器），在弹出的Motion Mixer（运动混合器）中右击Bip01栏，在弹出的快捷菜单中选择New Clips（新建剪辑）中的From Files（来自文件），在打开的对话框中选择跑步.BIP，如图9-60所示。

Mixer

Motion Mixer（运动混合器）   导入"跑步.BIP"文件

图9-60 混合器使用第1步

步骤2 右击导入的"跑步.BIP"文件，在弹出的对话框中选择Convert to Transition Track（转换为过渡轨迹），原来的轨迹将变为两条，然后右击轨迹，在弹出的快捷菜单中选择New Clips>From Fils，在打开的对话框中选择"冲侧踢后转回.BIP"，如图9-61所示。

（a）选择"跑步.BIP"文件   （b）转换为过渡轨迹   （c）读取文件

图9-61 混合器使用第2步

步骤3 这样在Motion Mixer（运动混合器）中填入了第2段BIP动画，然后选择两段BIP动作之间的过渡块，将它拉伸对齐到第2段BIP动作上，如图9-62所示。

图9-62 读取文件

步骤4 右击过渡块，在弹出的快捷菜单中选择Edit（编辑），然后在弹出的Transition Optimization（转换优化）对话框中进行参数设置，将两段动画融合起来，单击OK按钮确定，这样优化后的过渡动作衔接起来就变得自然了，如图9-63所示。

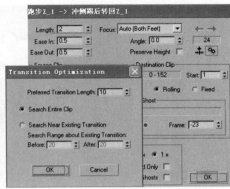

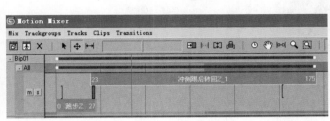

（a）右击过渡块 　　　　　　　　　　　　　　（b）过渡优化

图9-63 混合器使用第4步

步骤5 在Motion Mixer（运动混合器）中打开Mix（混合）菜单，选择Compute Mixdown（计算合成），将两段BIP动作合并在一起，如图9-64所示。

步骤6 现在，在Bip01下面生成了一个黄条，右击黄条，在弹出的快捷菜单中选择Copy to Biped（复制到Biped），将合成后的动作复制给当前的Biped骨骼，如图9-65所示。

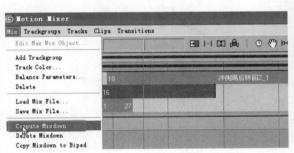

图9-64 Compute Mixdown

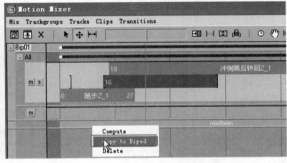

图9-65 Copy to Biped（复制到Biped）

步骤7 关闭剪辑按钮，我们会发现Biped骨骼在时间栏中变成了关键帧，这样我们就能将整个BIP动作保存起来了，以便在其他动画中调用，如图9-66所示。

（a）关闭剪辑按钮

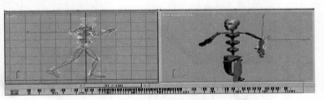

（b）关键帧动画

图9-66 Biped骨骼关键帧动画

步骤8 优化后的BIP动作如图9-67所示。

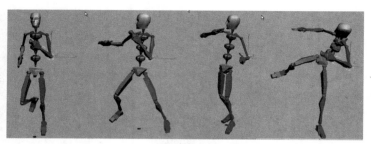

图9-67 优化后的BIP动作

5 层的使用

我们可以在复杂的动作上再添加新动作，就像在Photoshop中使用的图层一样，可以在层上制作动画，也可以删除层和合并层。

步骤1 创建Biped骨骼，并在Biped卷展栏中单击 按钮，导入BIP库中的*.BIP动作，然后在Layer（层）中单击 按钮，在原来的动画上添加上一个空白层，滑动时间滑块，我们发现Biped骨骼会运动起来，同时Biped骨骼上出现一个红色的线框，代表原来的BIP动作，如图9-68所示。

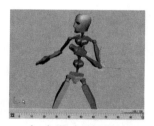

（a）打开*.BIP动作　　　（b）创建层图　　　（c）滑动时间滑块

图9-68 导入BIP动作并观看效果

步骤2 打开动画记录按钮，调整骨骼位置，我们可以发现红线与骨骼分开了，这时就可以在原来的骨骼上设定新的Biped骨骼动画。当移动时间滑块时我们会发现调整后的Biped骨骼还保持调整的姿态，可以单击 ![icon]（捕捉原始动画）按钮，将调整的骨骼恢复到红色的线框上，如图9-69所示。

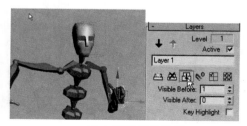

（a）调整骨骼位置　　　　　　　（b）捕捉原始动画

图9-69 捕捉动画

步骤3 单击 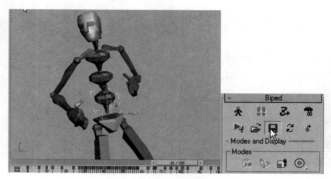 （合并层）按钮，将调整后的动画层与原来的动画层合并起来，形成完整的动画，如图9-70所示。

图9-70 合并动画层

6 动作库保存、调用

步骤1 将调整完的Biped骨骼动画保存为*.BIP格式，如图9-71所示。

图9-71 Biped骨骼动画

步骤2 调用动画。打开原来绑定上Biped骨骼的模型文件，在Biped卷展栏中单击打开按钮，导入已保存的*.BIP动作，如图9-72所示，然后选择身体模型，在Physique修改参数中勾选Hide Attached Nodes（隐藏附加节点），将Biped骨骼隐藏起来。播放动画，人物就可以运动起来了。

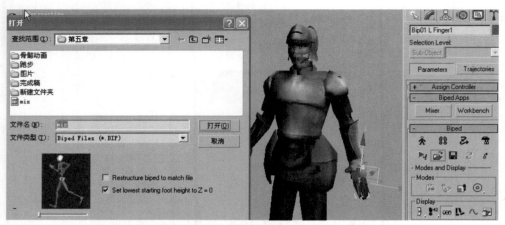

图9-72 读入保存的*.BIP动作

步骤3 单击菜单栏中的（渲染场景）按钮，在弹出的对话框中勾选Active Time Segment（当前时间段），并在Output Size(输出大小)中设置输出图像的大小，然后在Render Output（渲染输出）中选择Files（文件），设置动画输出位置，并且选择输出格式为*.avi动画文件，最后单击Render（渲染）按钮，开始渲染动画，如图9-73所示。

步骤4 渲染后的动画效果如图9-74所示。

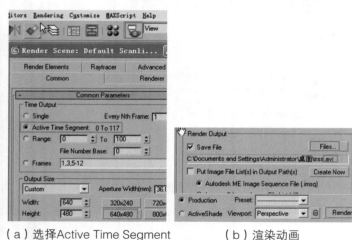

（a）选择Active Time Segment　　　（b）渲染动画

图9-73 设置渲染动画

图9-74 渲染完成的动画

本章总结与思考练习

本章讲解了人物表情和Biped骨骼动画的制作，以及Biped骨骼绑定的方法和动作的调用、保存和导出，还讲解了混合器、层的使用方法、关键帧动画等内容。

简答题

1. 简述表情制作的步骤。

2. 简述骨骼的3种类型。

3. 怎样为骨骼设置HI Solver？

4. 怎样切换Biped体形模式和Biped动画模式？

5. 简述骨骼绑定的步骤。

6. 怎样调节封套？

7. 请绘制出不同情绪的走步和跑步姿态图。

8. 怎样保存和调用BIP文件？

操作题

1. 使用本章讲到的方法制作出矮人武士的Biped骨骼动画和步迹动画。

2. 给矮人武士绑定上Biped骨骼。

3. 使用Mixer（混合器）合成BIP文件。